24년 출간 교재　　25년 출간 교재

영역	과목	교재	예비 초등	1-2학년				3-4학년				5-6학년				예비 중등	
쓰기력	국어	한글 바로 쓰기	P1 P2 P3 P1~3_활동 모음[illegible]														
쓰기력	국어	맞춤법 바로 쓰기															
어휘력	전 과목	어휘		[illegible]	[illegible]	2A	2B	3A	3B	4A	4B	5A	5B	6A	6B		
어휘력	전 과목	한자 어휘		1A	1B	2A	2B	3A	3B	4A	4B	5A	5B	6A	6B		
어휘력	영어	파닉스		1		2											
어휘력	영어	영단어						3A	3B	4A	4B	5A	5B	6A	6B		
독해력	국어	독해	P1 P2	1A	1B	2A	2B	3A	3B	4A	4B	5A	5B	6A	6B		
독해력	한국사	독해 인물편						1		2		3		4			
독해력	한국사	독해 시대편						1		2		3		4			
계산력	수학	계산		1A	1B	2A	2B	3A	3B	4A	4B	5A	5B	6A	6B	7A	7B
교과서 문해력	전 과목	교과서가 술술 읽히는 서술어		1A	1B	2A	2B	3A	3B	4A	4B	5A	5B	6A	6B		
교과서 문해력	사회	교과서 독해						3A	3B	4A	4B	5A	5B	6A	6B		
교과서 문해력	과학	교과서 독해						3A	3B	4A	4B	5A	5B	6A	6B		
교과서 문해력	수학	문장제 기본		1A	1B	2A	2B	3A	3B	4A	4B	5A	5B	6A	6B		
교과서 문해력	수학	문장제 발전		1A	1B	2A	2B	3A	3B	4A	4B	5A	5B	6A	6B		

영역	과목	교재	
창의·사고력	전 과목	교과서 놀이 활동북	1 2 3 4 (예비 초등 ~ 초등 2학년)
⋮			

* 완자 공부력 신간은 계속해서 출간됩니다.

완자 공부로 이끄는 힘
공부력

교과서 문해력
수학 문장제 발전 2B

<정답과 해설>

1. 네 자리 수

10쪽 • 11쪽

문장제 준비하기
함께 이야기해요!
요리를 만들며 빈칸에 알맞은 수나 말을 써 보세요.
정답과 해설 2쪽
100개
100개
한 봉지에 레몬 100개가 들어가니까
레몬 10봉지는 모두 1000 개야.
레몬 맛 초콜릿 한 봉지는 7000원이고,
오렌지 맛 초콜릿 한 봉지는 5000원이야.
7000 > 5000이니까
레몬 맛 초콜릿이
오렌지 맛 초콜릿보다 비싸.
체리 600개가 있었는데
400개를 더 사 왔어.
그럼 체리는 모두 1000 개야.
RECIPE
머핀 만들기

12쪽 • 13쪽

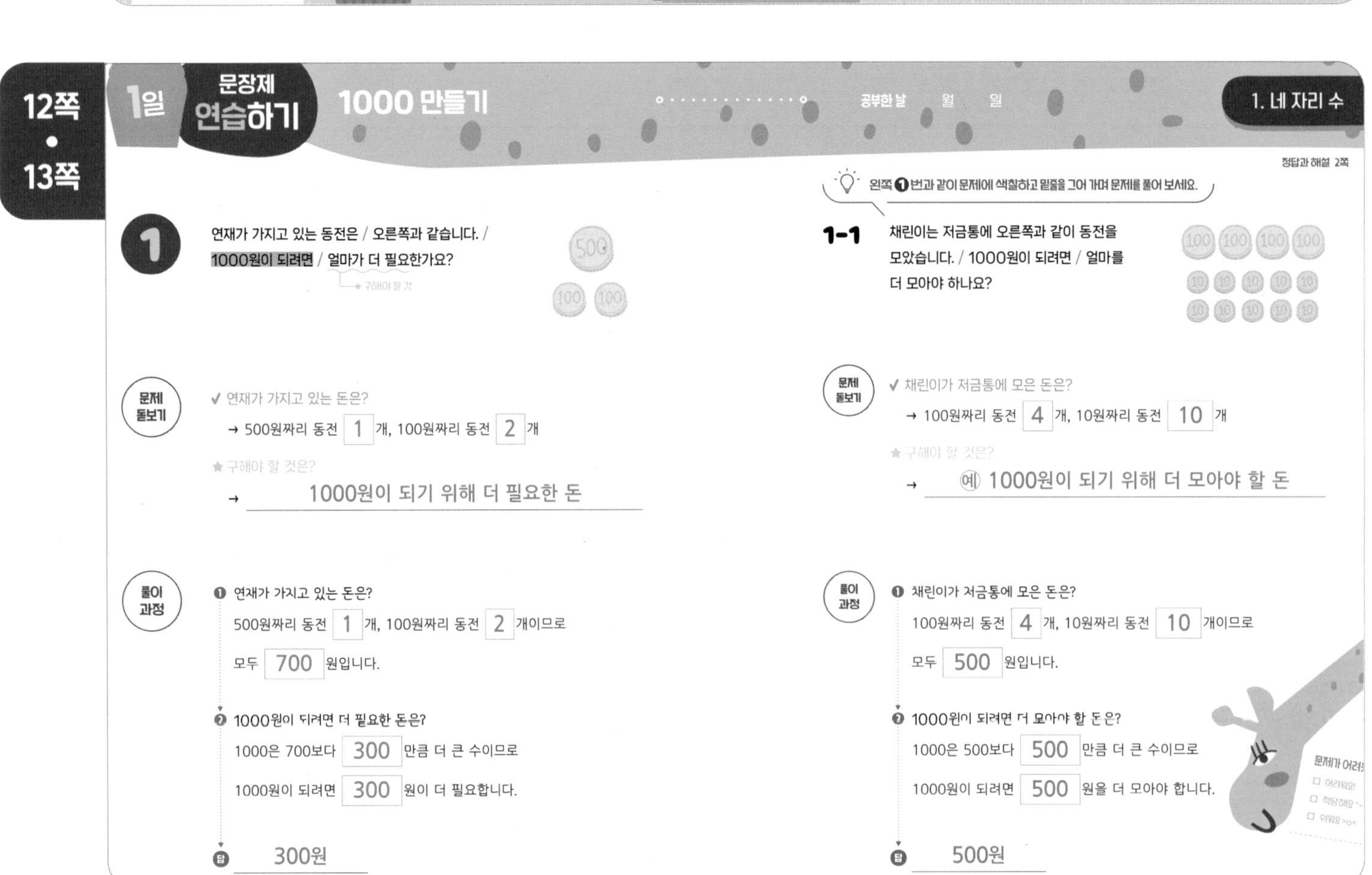

1일 문장제 연습하기
1000 만들기
공부한 날 월 일
1. 네 자리 수
정답과 해설 2쪽
왼쪽 1번과 같이 문제에 색칠하고 밑줄을 그어 가며 문제를 풀어 보세요.
1 연재가 가지고 있는 동전은 / 오른쪽과 같습니다. / 1000원이 되려면 / 얼마가 더 필요한가요?
구해야 할 것
1-1 채린이는 저금통에 오른쪽과 같이 동전을 모았습니다. / 1000원이 되려면 / 얼마를 더 모아야 하나요?
문제 돋보기
✔ 연재가 가지고 있는 돈은?
→ 500원짜리 동전 1 개, 100원짜리 동전 2 개
★ 구해야 할 것은?
→ 1000원이 되기 위해 더 필요한 돈
✔ 채린이가 저금통에 모은 돈은?
→ 100원짜리 동전 4 개, 10원짜리 동전 10 개
★ 구해야 할 것은?
→ 예) 1000원이 되기 위해 더 모아야 할 돈
풀이 과정
❶ 연재가 가지고 있는 돈은?
500원짜리 동전 1 개, 100원짜리 동전 2 개이므로
모두 700 원입니다.
❷ 1000원이 되려면 더 필요한 돈은?
1000은 700보다 300 만큼 더 큰 수이므로
1000원이 되려면 300 원이 더 필요합니다.
답 300원
❶ 채린이가 저금통에 모은 돈은?
100원짜리 동전 4 개, 10원짜리 동전 10 개이므로
모두 500 원입니다.
❷ 1000원이 되려면 더 모아야 할 돈은?
1000은 500보다 500 만큼 더 큰 수이므로
1000원이 되려면 500 원을 더 모아야 합니다.
답 500원

문장제 연습하기 — 각 자리의 숫자가 나타내는 값 비교하기

정답과 해설 3쪽

2 숫자 7이 나타내는 값이 / 가장 큰 수를 찾아 써 보세요.

★ 구해야 할 것

8374	2764	7235	9017

문제 돋보기
✓ 주어진 수에서 숫자 7을 찾아 밑줄을 그으면?
→ 8374, 2764, 7235, 9017

★ 구해야 할 것은?
→ 숫자 7이 나타내는 값이 가장 큰 수

풀이 과정
❶ 각 네 자리 수에서 숫자 7이 나타내는 값은?
8374 ⇨ 70, 2764 ⇨ 700,
7235 ⇨ 7000, 9017 ⇨ 7

❷ 숫자 7이 나타내는 값이 가장 큰 수는?
위 ❶에서 숫자 7이 나타내는 값이 가장 큰 수는 7235 입니다.

답 7235

왼쪽 ❷번과 같이 문제에 색칠하고 밑줄을 그어 가며 문제를 풀어 보세요.

2-1 숫자 5가 나타내는 값이 / 가장 큰 수와 가장 작은 수를 / 각각 찾아 차례대로 써 보세요.

5284	9185	6457	1521

문제 돋보기
✓ 주어진 수에서 숫자 5를 찾아 밑줄을 그으면?
→ 5284, 9185, 6457, 1521

★ 구해야 할 것은?
→ 예 숫자 5가 나타내는 값이 가장 큰 수와 가장 작은 수

풀이 과정
❶ 각 네 자리 수에서 숫자 5가 나타내는 값은?
5284 ⇨ 5000, 9185 ⇨ 5,
6457 ⇨ 50, 1521 ⇨ 500

❷ 숫자 5가 나타내는 값이 가장 큰 수와 가장 작은 수를 각각 구하면?
위 ❶에서 숫자 5가 나타내는 값이 가장 큰 수는 5284, 가장 작은 수는 9185 입니다.

답 5284, 9185

문장제 실력쌓기 — ◆ 1000 만들기 ◆ 각 자리의 숫자가 나타내는 값 비교하기

정답과 해설 3쪽

문제를 읽고 '연습하기'에서 했던 것처럼 밑줄을 그어 가며 문제를 풀어 보세요.

1 선우는 500원짜리 동전 1개와 100원짜리 동전 3개를 가지고 있습니다. 1000원이 되려면 얼마가 더 필요한가요?

❶ 선우가 가지고 있는 돈은?
예 500원짜리 동전 1개, 100원짜리 동전 3개이므로 모두 800원입니다.

❷ 1000원이 되려면 더 필요한 돈은?
예 1000은 800보다 200만큼 더 큰 수이므로 1000원이 되려면 200원이 더 필요합니다.

답 200원

2 숫자 2가 나타내는 값이 가장 큰 수를 찾아 써 보세요.

1828	2795	7264	4832

❶ 각 네 자리 수에서 숫자 2가 나타내는 값은?
예 1828 ⇨ 20, 2795 ⇨ 2000, 7264 ⇨ 200, 4832 ⇨ 2

❷ 숫자 2가 나타내는 값이 가장 큰 수는?
예 위 ❶에서 숫자 2가 나타내는 값이 가장 큰 수는 2795입니다.

답 2795

3 공책이 100권씩 9묶음, 10권씩 7묶음 있습니다. 1000권이 되려면 몇 권이 더 필요한가요?

❶ 공책의 수는?
예 100권씩 9묶음, 10권씩 7묶음이므로 모두 970권입니다.

❷ 1000권이 되려면 더 필요한 공책의 수는?
예 1000은 970보다 30만큼 더 큰 수이므로 1000권이 되려면 30권이 더 필요합니다.

답 30권

4 지영이네 모둠은 제비뽑기를 하여 뽑은 수에서 숫자 3이 나타내는 값이 가장 작은 사람이 청소 당번을 하기로 했습니다. 다음 중 청소 당번은 누구인가요?

지영: 2357	이수: 1493	겨레: 6832	민규: 3657

❶ 숫자 3이 나타내는 값이 가장 작은 수는?
예 지영: 2357 ⇨ 300, 이수: 1493 ⇨ 3,
겨레: 6832 ⇨ 30, 민규: 3657 ⇨ 3000
따라서 숫자 3이 나타내는 값이 가장 작은 수는 1493입니다.

❷ 청소 당번은?
예 1493을 뽑은 이수가 청소 당번입니다.

답 이수

18쪽 • 19쪽

2일 문장제 연습하기

세 수의 크기 비교하기

공부한 날 월 일

1. 네 자리 수

정답과 해설 4쪽

주현, 한솔, 샛별이가 각각 통장에 저금을 하였습니다. / 주현이는 8750원, / 한솔이는 5720원, / 샛별이는 4600원을 저금했을 때, / 저금한 돈이 가장 많은 사람은 누구인가요?

구해야 할 것

✓ 주현, 한솔, 샛별이가 각각 저금한 돈은?

→ 주현: 8750 원, 한솔: 5720 원, 샛별: 4600 원

★ 구해야 할 것은?

→ 저금한 돈이 가장 많은 사람

❶ 세 사람이 저금한 금액을 비교하면?

8750 > 5720 > 4600

❷ 저금한 돈이 가장 많은 사람은?

저금한 돈이 가장 많은 사람은 8750 원을 저금한 주현 입니다.

답 주현

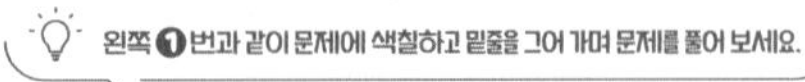

왼쪽 ❶번과 같이 문제에 색칠하고 밑줄을 그어 가며 문제를 풀어 보세요.

1-1 유빈, 가은, 하영이는 / 각각 가지고 있는 리본의 길이를 재었습니다. / 리본의 길이가 유빈이는 2570 cm, / 가은이는 1260 cm, / 하영이는 3840 cm일 때, / 가장 짧은 리본을 가지고 있는 사람은 누구인가요?

문제 돌보기

✓ 유빈, 가은, 하영이가 각각 가지고 있는 리본의 길이는?

→ 유빈: 2570 cm, 가은: 1260 cm, 하영: 3840 cm

★ 구해야 할 것은?

→ 예) 가장 짧은 리본을 가지고 있는 사람

풀이 과정

❶ 세 사람이 가지고 있는 리본의 길이를 비교하면?

1260 < 2570 < 3840

❷ 가장 짧은 리본을 가지고 있는 사람은?

가장 짧은 리본을 가지고 있는 사람은 리본의 길이가 1260 cm인 가은 입니다.

답 가은

20쪽 • 21쪽

문장제 연습하기

수 카드로 네 자리 수 만들기

1. 네 자리 수

정답과 해설 4쪽

5장의 수 카드 1, 2, 3, 5, 8 중에서 / 4장을 골라 한 번씩만 사용하여 / 천의 자리 숫자가 1인 / 네 자리 수를 만들려고 합니다. / 만들 수 있는 수 중에서 / 가장 큰 수를 구해 보세요.

구해야 할 것

문제 돌보기

✓ 만들려는 수는? → 천의 자리 숫자가 1 인 네 자리 수

✓ 수 카드를 골라 가장 큰 네 자리 수를 만들려면?

→ 높은 자리부터 ((큰), 작은) 수를 차례대로 놓습니다.

알맞은 말에 ○표 하기

★ 구해야 할 것은?

→ 천의 자리 숫자가 1인 가장 큰 네 자리 수

❶ 수 카드의 수의 크기를 비교하면?

8 > 5 > 3 > 2 > 1

❷ 천의 자리 숫자가 1인 가장 큰 네 자리 수는?

1 을(를) 제외한 남은 수 중에서 큰 수부터 백, 십, 일의 자리에 차례대로 놓으면 1 8 5 3 입니다.

답 1853

왼쪽 ❷번과 같이 문제에 색칠하고 밑줄을 그어 가며 문제를 풀어 보세요.

2-1 4장의 수 카드 9, 5, 2, 3 을 / 한 번씩만 사용하여 / 백의 자리 숫자가 3인 / 네 자리 수를 만들려고 합니다. / 만들 수 있는 수 중에서 / 가장 작은 수를 구해 보세요.

✓ 만들려는 수는? → 백의 자리 숫자가 3 인 네 자리 수

✓ 수 카드를 골라 가장 작은 네 자리 수를 만들려면?

→ 높은 자리부터 (큰, (작은)) 수를 차례대로 놓습니다.

★ 구해야 할 것은?

→ 예) 백의 자리 숫자가 3인 가장 작은 네 자리 수

❶ 수 카드의 수의 크기를 비교하면?

2 < 3 < 5 < 9

❷ 백의 자리 숫자가 3인 가장 작은 네 자리 수는?

3 을(를) 제외한 남은 수 중에서 작은 수부터 천, 십, 일의 자리에 차례대로 놓으면 2 3 5 9 입니다.

답 2359

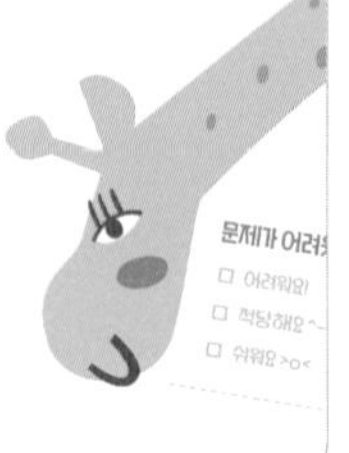

문장제 실력쌓기

◆ 세 수의 크기 비교하기
◆ 수 카드로 네 자리 수 만들기

정답과 해설 5쪽

문제를 읽고 '연습하기'에서 했던 것처럼 밑줄을 그어 가며 문제를 풀어 보세요.

1 효정이는 문구점에서 4500원짜리 연습장, 1850원짜리 볼펜, 1200원짜리 지우개를 샀습니다. 가장 비싼 것은 무엇인가요?

❶ 연습장, 볼펜, 지우개의 금액을 비교하면?
예 4500>1850>1200

❷ 가장 비싼 것은?
예 가장 비싼 것은 4500원짜리 연습장입니다.

답 연습장

2 4장의 수 카드 3, 1, 4, 7을 한 번씩만 사용하여 십의 자리 숫자가 7인 네 자리 수를 만들려고 합니다. 만들 수 있는 수 중에서 가장 큰 수를 구해 보세요.

❶ 수 카드의 수의 크기를 비교하면?
예 7>4>3>1

❷ 십의 자리 숫자가 7인 가장 큰 네 자리 수는?
예 7을 제외한 남은 수 중에서 큰 수부터 천, 백, 일의 자리에 차례대로 놓으면 4371입니다.

답 4371

3 지리산의 높이는 1915 m, 한라산의 높이는 1947 m, 백두산의 높이는 2750 m입니다. 높이가 가장 낮은 산은 무엇인가요?

❶ 세 산의 높이를 비교하면?
예 1915<1947<2750

❷ 높이가 가장 낮은 산은?
예 높이가 가장 낮은 산은 1915 m인 지리산입니다.

답 지리산

4 5장의 수 카드 2, 7, 8, 6, 0 중에서 4장을 골라 한 번씩만 사용하여 백의 자리 숫자가 6인 네 자리 수를 만들려고 합니다. 만들 수 있는 수 중에서 가장 작은 수를 구해 보세요.

❶ 수 카드의 수의 크기를 비교하면?
예 0<2<6<7<8

❷ 백의 자리 숫자가 6인 가장 작은 네 자리 수는?
예 6을 제외한 남은 수 중에서 작은 수부터 천, 십, 일의 자리에 차례대로 놓으면 2607입니다.
이때 0은 천의 자리에 올 수 없습니다.

답 2607

3일 문장제 연습하기

□ 안에 들어갈 수 있는 수 구하기

공부한 날 월 일

정답과 해설 5쪽

1 네 자리 수의 크기를 비교했습니다. / 0부터 9까지의 수 중에서 / □ 안에 들어갈 수 있는 / 가장 큰 수를 구해 보세요.

2406>2□96

문제 돋보기
✔ □ 안에 들어갈 수 있는 수의 범위는?
→ 0 부터 9 까지의 수
✔ 2□96은 어떤 수?
→ 2□96은 2406 보다 작은 수입니다.
★ 구해야 할 것은?
→ □ 안에 들어갈 수 있는 가장 큰 수

풀이 과정
❶ □ 안에 들어갈 수 있는 수를 모두 구하면?
2406과 2□96은 천의 자리 숫자가 같고, 십의 자리 숫자를 비교하면 0< 9 이므로 □ 안에는 4 보다 작은 0, 1, 2, 3 이(가) 들어갈 수 있습니다.

❷ □ 안에 들어갈 수 있는 가장 큰 수는?
□ 안에 들어갈 수 있는 가장 큰 수는 3 입니다.

답 3

왼쪽 ❶번과 같이 문제에 색칠하고 밑줄을 그어 가며 문제를 풀어 보세요.

1-1 네 자리 수의 크기를 비교했습니다. / 1부터 9까지의 수 중에서 / □ 안에 들어갈 수 있는 수는 / 모두 몇 개인가요?

6854>□869

문제 돋보기
✔ □ 안에 들어갈 수 있는 수의 범위는?
→ 1 부터 9 까지의 수
✔ □869는 어떤 수?
→ □869는 6854 보다 작은 수입니다.
★ 구해야 할 것은?
→ 예 □ 안에 들어갈 수 있는 수의 개수

풀이 과정
❶ □ 안에 들어갈 수 있는 수를 모두 구하면?
6854와 □869는 백의 자리 숫자가 같고, 십의 자리 숫자를 비교하면 5<6이므로 □ 안에는 6 보다 작은 1, 2, 3, 4, 5 이(가) 들어갈 수 있습니다.

❷ □ 안에 들어갈 수 있는 수는 모두 몇 개?
□ 안에 들어갈 수 있는 수는 모두 5 개입니다.

답 5개

문장제 연습하기 — 조건을 만족하는 네 자리 수 구하기

정답과 해설 6쪽

2 하니는 어린이 요리 대회에 참가하려고 합니다. / 하니의 참가 번호는 / 3000보다 크고 4000보다 작은 수 중에서 / 백의 자리 숫자는 7, / 십의 자리 숫자는 1, / 일의 자리 숫자는 / 백의 자리 숫자보다 2만큼 더 큰 수입니다. / 하니의 참가 번호는 몇 번인가요?

★ 구해야 할 것

문제 돌보기

✓ 하니의 참가 번호는?

→ 3000보다 크고 [4000] 보다 작은 수,

백의 자리 숫자는 [7], 십의 자리 숫자는 [1],

일의 자리 숫자는 백의 자리 숫자보다 [2] 만큼 더 큰 수

★ 구해야 할 것은?

→ 하니의 참가 번호

풀이 과정

❶ 하니의 참가 번호의 천의 자리 숫자와 일의 자리 숫자는?

천의 자리 숫자: [3]

일의 자리 숫자: 7+[2]=[9]

❷ 하니의 참가 번호는?

하니의 참가 번호는 [3][7][1][9] 입니다.

답 3719

왼쪽 ❷번과 같이 문제에 색칠하고 밑줄을 그어 가며 문제를 풀어 보세요.

2-1 시은이는 바둑 대회에 참가하려고 합니다. / 시은이의 참가 번호는 / 7000보다 크고 8000보다 작은 수 중에서 / 백의 자리 숫자는 천의 자리 숫자와 같고, / 십의 자리 숫자는 8, / 일의 자리 숫자는 / 백의 자리 숫자보다 2만큼 더 작은 수입니다. / 시은이의 참가 번호는 몇 번인가요?

문제 돌보기

✓ 시은이의 참가 번호는?

→ 7000보다 크고 [8000] 보다 작은 수,

백의 자리 숫자는 [천] 의 자리 숫자와 같고, 십의 자리 숫자는 [8],

일의 자리 숫자는 백의 자리 숫자보다 [2] 만큼 더 작은 수

★ 구해야 할 것은?

→ 예 시은이의 참가 번호

풀이 과정

❶ 시은이의 참가 번호의 천, 백, 일의 자리 숫자는?

천의 자리 숫자: [7], 백의 자리 숫자: [7],

일의 자리 숫자: [7]−2=[5]

❷ 시은이의 참가 번호는?

시은이의 참가 번호는 [7][7][8][5] 입니다.

답 7785

문장제 실력쌓기 — ◆ □ 안에 들어갈 수 있는 수 구하기 ◆ 조건을 만족하는 네 자리 수 구하기

정답과 해설 6쪽

문제를 읽고 '연습하기'에서 했던 것처럼 밑줄을 그어 가며 문제를 풀어 보세요.

1 네 자리 수의 크기를 비교했습니다. 0부터 9까지의 수 중에서 □ 안에 들어갈 수 있는 가장 큰 수를 구해 보세요.

913□<9136

❶ □ 안에 들어갈 수 있는 수를 모두 구하면?

예 913□와 9136은 천, 백, 십의 자리 숫자가 각각 같으므로 □ 안에는 6보다 작은 0, 1, 2, 3, 4, 5가 들어갈 수 있습니다.

❷ □ 안에 들어갈 수 있는 가장 큰 수는?

예 □ 안에 들어갈 수 있는 가장 큰 수는 5입니다.

답 5

2 다음 조건을 모두 만족하는 네 자리 수를 구해 보세요.

- 4000보다 크고 5000보다 작은 수입니다.
- 백의 자리 숫자는 2, 십의 자리 숫자는 3입니다.
- 일의 자리 숫자는 천의 자리 숫자보다 3만큼 더 큰 수입니다.

❶ 천의 자리 숫자와 일의 자리 숫자는?

예 천의 자리 숫자: 4, 일의 자리 숫자: 4+3=7

❷ 조건을 모두 만족하는 네 자리 수는?

예 조건을 모두 만족하는 네 자리 수는 4237입니다.

답 4237

3 종이에 네 자리 수가 적혀 있는데 십의 자리 숫자가 지워져 보이지 않습니다. 종이에 적힌 수 46□8은 4645보다 작은 수일 때, 0부터 9까지의 수 중에서 □ 안에 들어갈 수 있는 수는 모두 몇 개인가요?

❶ □ 안에 들어갈 수 있는 수를 모두 구하면?

예 46□8과 4645는 천, 백의 자리 숫자가 각각 같고, 일의 자리 숫자를 비교하면 8>5이므로 □ 안에는 4보다 작은 0, 1, 2, 3이 들어갈 수 있습니다.

❷ □ 안에 들어갈 수 있는 수는 모두 몇 개?

예 □ 안에 들어갈 수 있는 수는 모두 4개입니다.

답 4개

4 8750보다 크고 8800보다 작은 네 자리 수 중에서 십의 자리 숫자와 일의 자리 숫자가 같은 수는 모두 몇 개인가요?

❶ 십의 자리 숫자와 일의 자리 숫자가 될 수 있는 수는?

예 십의 자리 수자가 5이거나 5보다 커야 하므로 십의 자리 숫자와 일의 자리 숫자가 될 수 있는 수는 5, 6, 7, 8, 9입니다.

❷ 조건에 맞는 네 자리 수는 모두 몇 개?

예 조건에 맞는 네 자리 수는 8755, 8766, 8777, 8788, 8799로 모두 5개입니다.

답 5개

정답과 해설 7쪽

12쪽 1000 만들기

1 유정이는 심부름 값으로 100원짜리 동전 6개를 받았습니다. 1000원이 되려면 얼마가 더 필요한가요?

풀이 예 100원짜리 동전 6개는 600원입니다.
따라서 1000은 600보다 400만큼 더 큰 수이므로
1000원이 되려면 400원이 더 필요합니다.

답 400원

14쪽 각 자리의 숫자가 나타내는 값 비교하기

2 숫자 8이 나타내는 값이 두 번째로 큰 수를 찾아 써 보세요.

2816 8645 3378 9081

풀이 예 각 네 자리 수에서 숫자 8이 나타내는 값을 구하면
2816 ⇨ 800, 8645 ⇨ 8000,
3378 ⇨ 8, 9081 ⇨ 80입니다.
따라서 숫자 8이 나타내는 값이 두 번째로 큰 수는
2816입니다.

답 2816

18쪽 세 수의 크기 비교하기

3 해은, 나연, 지성이는 각각 용돈을 받았습니다. 해은이는 9420원, 나연이는 8360원, 지성이는 7900원을 받았을 때, 용돈을 가장 많이 받은 사람은 누구인가요?

풀이 예 세 사람이 받은 용돈을 비교하면
$9420>8360>7900$입니다.
따라서 용돈을 가장 많이 받은 사람은 해은입니다.

답 해은

18쪽 세 수의 크기 비교하기

4 보현, 민재, 호민이는 보드게임을 하고 있습니다. 보현이는 2890점, 민재는 3600점, 호민이는 2780점을 얻었을 때, 가장 낮은 점수를 얻은 사람은 누구인가요?

풀이 예 세 사람의 점수를 비교하면
$2780<2890<3600$입니다.
따라서 가장 낮은 점수를 얻은 사람은 호민입니다.

답 호민

20쪽 수 카드로 네 자리 수 만들기

5 4장의 수 카드 2, 6, 9, 1을 한 번씩만 사용하여 천의 자리 숫자가 1인 네 자리 수를 만들려고 합니다. 만들 수 있는 수 중에서 가장 큰 수를 구해 보세요.

풀이 예 수 카드의 수의 크기를 비교하면 $9>6>2>1$입니다.
천의 자리 숫자가 1이므로 1을 제외한 남은 수 중에서 큰 수부터 백, 십, 일의 자리에 차례대로 놓으면 1962입니다.

답 1962

26쪽 조건을 만족하는 네 자리 수 구하기

6 다음 조건을 모두 만족하는 네 자리 수를 구해 보세요.

- 천의 자리 숫자가 3이고, 십의 자리 숫자가 5인 짝수입니다.
- 3957보다 큰 수입니다.

풀이 예 천의 자리 숫자가 3이고, 십의 자리 숫자가 5인 짝수 중에서 3957보다 큰 네 자리 수는 백의 자리 숫자가 9이고, 일의 자리 숫자는 7보다 큰 짝수입니다.
따라서 조건을 모두 만족하는 네 자리 수는 3958입니다.

답 3958

정답과 해설 7쪽

24쪽 □ 안에 들어갈 수 있는 수 구하기

7 네 자리 수의 크기를 비교했습니다. 0부터 9까지의 수 중에서 □ 안에 들어갈 수 있는 가장 작은 수를 구해 보세요.

7□51>7458

풀이 예 7□51과 7458은 천의 자리 숫자와 십의 자리 숫자가 각각 같고, 일의 자리 숫자를 비교하면 $1<8$이므로
□ 안에는 4보다 큰 5, 6, 7, 8, 9가 들어갈 수 있습니다.
따라서 □ 안에 들어갈 수 있는 가장 작은 수는 5입니다.

답 5

20쪽 수 카드로 네 자리 수 만들기

8 4장의 수 카드 7, 0, 2, 4를 한 번씩만 사용하여 네 자리 수를 만들려고 합니다. 천의 자리 숫자가 2인 홀수는 모두 몇 개인가요?

풀이 예 홀수이므로 일의 자리에 올 수 있는 수는 7입니다.
따라서 만들 수 있는 네 자리 수 중에서
천의 자리 숫자가 2, 일의 자리 숫자가 7인 수는
2047, 2407로 모두 2개입니다.

답 2개

24쪽 □ 안에 들어갈 수 있는 수 구하기

9 종이에 네 자리 수가 적혀 있는데 십의 자리 숫자가 지워져 보이지 않습니다. 종이에 적힌 수 41□7은 4119보다 작은 수일 때, □ 안에 들어갈 수 있는 수들의 합을 구해 보세요.

풀이 예 41□7과 4119는 천의 자리 숫자와 백의 자리 숫자가 각각 같고, 일의 자리 숫자를 비교하면 $7<9$이므로
□ 안에는 0, 1이 들어갈 수 있습니다.
따라서 □ 안에 들어갈 수 있는 수들의 합은
$0+1=1$입니다.

답 1

도전문제 26쪽 조건을 만족하는 네 자리 수 구하기

10 은채의 사물함 비밀번호는 다음 조건을 모두 만족하는 네 자리 수입니다. 은채의 사물함 비밀번호는 무엇인가요?

- 천의 자리 숫자는 5보다 크고 7보다 작은 수입니다.
- 백의 자리 숫자는 천의 자리 수보다 2만큼 더 큰 수입니다.
- 십의 자리 숫자는 백의 자리 숫자보다 3만큼 더 작은 수입니다.
- 일의 자리 숫자는 4입니다.

❶ 천의 자리 숫자는?
예 5보다 크고 7보다 작은 수는 6이므로
천의 자리 숫자는 6입니다.

❷ 백의 자리 숫자는?
예 백의 자리 숫자는 천의 자리 숫자인 6보다
2만큼 더 큰 수이므로 $6+2=8$입니다.

❸ 십의 자리 숫자는?
예 십의 자리 숫자는 백의 자리 숫자인 8보다
3만큼 더 작은 수이므로 $8-3=5$입니다.

❹ 은채의 사물함 비밀번호는?
예 은채의 사물함 비밀번호는 천의 자리 숫자가 6,
백의 자리 숫자가 8, 십의 자리 숫자가 5,
일의 자리 숫자가 4이므로 6854입니다.

답 6854

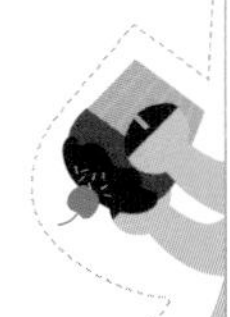

2. 곱셈구구

36쪽 • 37쪽

문장제 준비하기
함께 이야기해요!
요리를 만들며 빈칸에 알맞은 수를 써 보세요.
정답과 해설 8쪽
사탕이 한 병에 4개씩 들어 있어.
5병에 들어 있는 사탕은 모두
4 × 5 = 20 (개)야!
햄버거 한 개를 만드는 데 빵 2개가 들어가니까
햄버거 4개를 만들려면 빵은 모두
2 × 4 = 8 (개) 필요해.
냄비에 달걀을 7개씩 삶으려고 해.
냄비 2개를 사용하면 달걀을 모두
7 × 2 = 14 (개) 삶을 수 있어.
RECIPE
버거 만들기
CEREAL

38쪽 • 39쪽

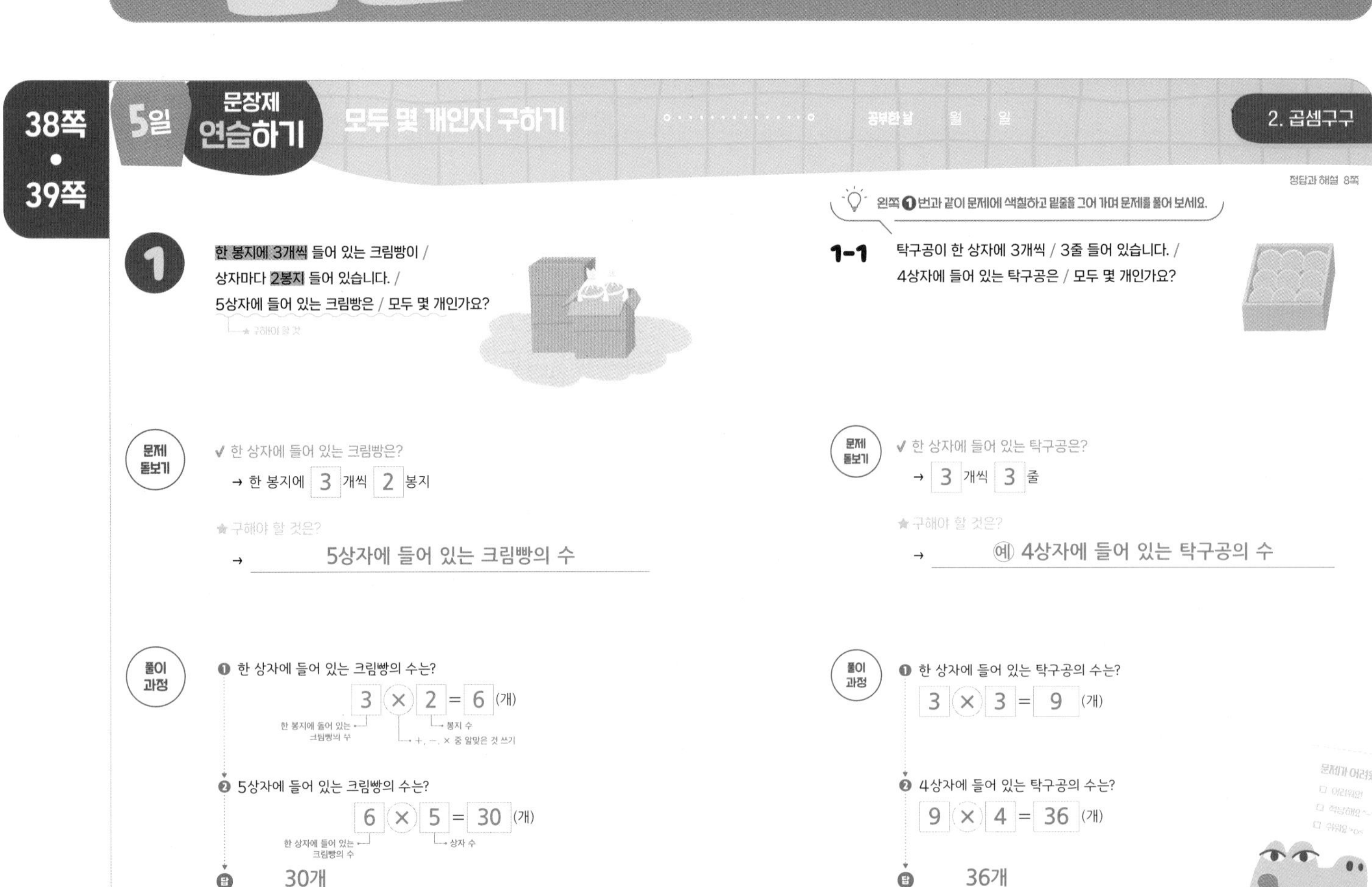

5일 문장제 연습하기
모두 몇 개인지 구하기
공부한 날 월 일
2. 곱셈구구
정답과 해설 8쪽
왼쪽 1번과 같이 문제에 색칠하고 밑줄을 그어 가며 문제를 풀어 보세요.
1 한 봉지에 3개씩 들어 있는 크림빵이 / 상자마다 2봉지 들어 있습니다. / 5상자에 들어 있는 크림빵은 / 모두 몇 개인가요?
구해야 할 것
1-1 탁구공이 한 상자에 3개씩 / 3줄 들어 있습니다. / 4상자에 들어 있는 탁구공은 / 모두 몇 개인가요?
문제 돋보기
✓ 한 상자에 들어 있는 크림빵은?
→ 한 봉지에 3 개씩 2 봉지
★ 구해야 할 것은?
→ 5상자에 들어 있는 크림빵의 수
✓ 한 상자에 들어 있는 탁구공은?
→ 3 개씩 3 줄
★ 구해야 할 것은?
→ 예) 4상자에 들어 있는 탁구공의 수
풀이 과정
❶ 한 상자에 들어 있는 크림빵의 수는?
3 × 2 = 6 (개)
한 봉지에 들어 있는 크림빵의 수
봉지 수
+, −, × 중 알맞은 것 쓰기
❷ 5상자에 들어 있는 크림빵의 수는?
6 × 5 = 30 (개)
한 상자에 들어 있는 크림빵의 수
상자 수
답 30개
❶ 한 상자에 들어 있는 탁구공의 수는?
3 × 3 = 9 (개)
❷ 4상자에 들어 있는 탁구공의 수는?
9 × 4 = 36 (개)
답 36개

문장제 연습하기

수 카드로 곱셈식을 만들어 곱 구하기

정답과 해설 9쪽

왼쪽 ❷번과 같이 문제에 색칠하고 밑줄을 그어 가며 문제를 풀어 보세요.

2 3장의 수 카드 2, 4, 5 중에서 / 2장을 뽑아 한 번씩만 사용하여 / 곱셈식을 만들 때, / 가장 큰 곱은 얼마인가요?

구해야 할 것

문제 돋보기

★ 구해야 할 것은?

→ 수 카드 2장으로 곱셈식을 만들 때, 가장 큰 곱

✔ 수 카드 2장으로 곱이 가장 큰 곱셈식을 만들려면?

→ (가장 (큰) 작은) 수)×(두 번째로 (큰) 작은) 수)를 구합니다.

풀이 과정

❶ 수 카드의 수의 크기를 비교하면?

5 > 4 > 2 이므로 가장 큰 수는 5 이고,

두 번째로 큰 수는 4 입니다.

❷ 가장 큰 곱은?

5 × 4 = 20 (또는 4×5=20)

답 20

2-1 3장의 수 카드 3, 6, 7 중에서 / 2장을 뽑아 한 번씩만 사용하여 / 곱셈식을 만들 때, / 가장 작은 곱은 얼마인가요?

문제 돋보기

★ 구해야 할 것은?

→ 예 수 카드 2장으로 곱셈식을 만들 때, 가장 작은 곱

✔ 수 카드 2장으로 곱이 가장 작은 곱셈식을 만들려면?

→ (가장 (큰 , (작은)) 수)×(두 번째로 (큰 , (작은)) 수)를 구합니다.

풀이 과정

❶ 수 카드의 수의 크기를 비교하면?

3 < 6 < 7 이므로 가장 작은 수는 3 이고,

두 번째로 작은 수는 6 입니다.

❷ 가장 작은 곱은?

3 × 6 = 18 (또는 6×3=18)

답 18

문장제 실력쌓기

◆ 모두 몇 개인지 구하기 ◆ 수 카드로 곱셈식을 만들어 곱 구하기

정답과 해설 9쪽

문제를 읽고 '연습하기'에서 했던 것처럼 밑줄을 그어 가며 문제를 풀어 보세요.

1 한 봉지에 2개씩 들어 있는 젤리가 상자마다 3봉지 들어 있습니다. 6상자에 들어 있는 젤리는 모두 몇 개인가요?

❶ 한 상자에 들어 있는 젤리의 수는?

예 한 봉지에 2개씩 3봉지이므로 2×3=6(개)입니다.

❷ 6상자에 들어 있는 젤리의 수는?

예 한 상자에 6개씩 6상자이므로 6×6=36(개)입니다.

답 36개

2 3장의 수 카드 5, 1, 6 중에서 2장을 뽑아 한 번씩만 사용하여 곱셈식을 만들 때, 가장 큰 곱은 얼마인가요?

❶ 수 카드의 수의 크기를 비교하면?

예 가장 큰 곱을 구하려면 (가장 큰 수)×(두 번째로 큰 수)를 구합니다.
6>5>1이므로 가장 큰 수는 6이고, 두 번째로 큰 수는 5입니다.

❷ 가장 큰 곱은?

예 6×5=30(또는 5×6=30)이므로 가장 큰 곱은 30입니다.

답 30

3 공깃돌이 한 상자에 4개씩 2줄 들어 있습니다. 8상자에 들어 있는 공깃돌은 모두 몇 개인가요?

❶ 한 상자에 들어 있는 공깃돌의 수는?

예 한 상자에 4개씩 2줄 들어 있으므로 4×2=8(개)입니다.

❷ 8상자에 들어 있는 공깃돌의 수는?

예 한 상자에 8개씩 8상자이므로 8×8=64(개)입니다.

답 64개

4 4장의 수 카드 4, 9, 7, 8 중에서 2장을 뽑아 한 번씩만 사용하여 곱셈식을 만들 때, 가장 작은 곱은 얼마인가요?

❶ 수 카드의 수의 크기를 비교하면?

예 가장 작은 곱을 구하려면 (가장 작은 수)×(두 번째로 작은 수)를 구합니다.
4<7<8<9이므로 가장 작은 수는 4이고, 두 번째로 작은 수는 7입니다.

❷ 가장 작은 곱은?

예 4×7=28(또는 7×4=28)이므로 가장 작은 곱은 28입니다.

답 28

44쪽 • 45쪽

정답과 해설 10쪽

1 어떤 수에 5를 곱해야 할 것을 / 잘못하여 더했더니 13이 되었습니다. / 바르게 계산한 값은 얼마인가요?

구해야 할 것

문제 돋보기

✔ 잘못 계산한 식은? → (덧셈식), 뺄셈식 , 곱셈식) → 알맞은 말에 ○표 하기

✔ 잘못 계산하여 나온 값은? → 13

✔ 바르게 계산하려면? → 어떤 수에 5 을(를) 곱합니다.

★ 구해야 할 것은?

→ 바르게 계산한 값

풀이 과정

❶ 어떤 수를 ■라 할 때, 잘못 계산한 식은?

■ + 5 = 13

❷ 어떤 수는?

■ = 13 − 5 = 8

❸ 바르게 계산한 값은?

8 × 5 = 40 (어떤 수)

답 40

왼쪽 ❶번과 같이 문제에 색칠하고 밑줄을 그어 가며 문제를 풀어 보세요.

1-1 어떤 수에 6을 곱해야 할 것을 / 잘못하여 뺐더니 1이 되었습니다. / 바르게 계산한 값은 얼마인가요?

문제 돋보기

✔ 잘못 계산한 식은? → (덧셈식 , (뺄셈식), 곱셈식)

✔ 잘못 계산하여 나온 값은? → 1

✔ 바르게 계산하려면? → 어떤 수에 6 을(를) 곱합니다.

★ 구해야 할 것은?

→ 예 바르게 계산한 값

풀이 과정

❶ 어떤 수를 ■라 할 때, 잘못 계산한 식은?

■ − 6 = 1

❷ 어떤 수는?

■ = 1 + 6 = 7

❸ 바르게 계산한 값은?

7 × 6 = 42 (어떤 수)

답 42

46쪽 • 47쪽

정답과 해설 10쪽

2 운동장에 학생들이 / 한 줄에 2명씩 8줄로 서 있습니다. / 이 학생들이 / 한 줄에 4명씩 다시 서면 / 몇 줄이 되나요?

구해야 할 것

문제 돋보기

✔ 운동장에 서 있는 학생들은?

→ 한 줄에 2 명씩 8 줄

✔ 줄을 다시 서는 방법은?

→ 한 줄에 4 명씩 섭니다.

★ 구해야 할 것은?

→ 한 줄에 4명씩 다시 설 때 줄 수

풀이 과정

❶ 운동장에 서 있는 학생 수는?

2 × 8 = 16 (명)

❷ 한 줄에 4명씩 다시 설 때 줄 수는?

다시 설 때 줄 수를 ■라 하면 4 × ■ = 16 입니다.

4 × 4 = 16 ⇨ ■ = 4 이므로

한 줄에 4명씩 다시 서면 4 줄이 됩니다.

답 4줄

왼쪽 ❷번과 같이 문제에 색칠하고 밑줄을 그어 가며 문제를 풀어 보세요.

2-1 편의점 냉장고에 오렌지주스가 / 한 줄에 3병씩 6줄로 놓여 있습니다. / 이 오렌지주스를 / 한 줄에 2병씩 다시 놓으면 / 몇 줄이 되나요?

문제 돋보기

✔ 편의점 냉장고에 있는 오렌지주스는?

→ 한 줄에 3 병씩 6 줄

✔ 오렌지주스를 다시 놓는 방법은?

→ 한 줄에 2 병씩 놓습니다.

★ 구해야 할 것은?

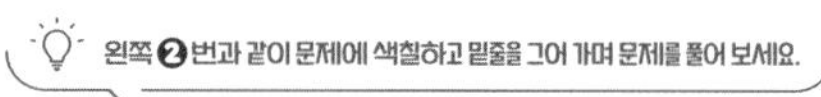

→ 예 한 줄에 2병씩 다시 놓을 때 줄 수

풀이 과정

❶ 편의점 냉장고에 있는 오렌지주스의 수는?

3 × 6 = 18 (병)

❷ 한 줄에 2병씩 다시 놓을 때 줄 수는?

다시 놓을 때 줄 수를 ■라 하면 2 × ■ = 18 입니다.

2 × 9 = 18 ⇨ ■ = 9 이므로

한 줄에 2병씩 다시 놓으면 9 줄이 됩니다.

답 9줄

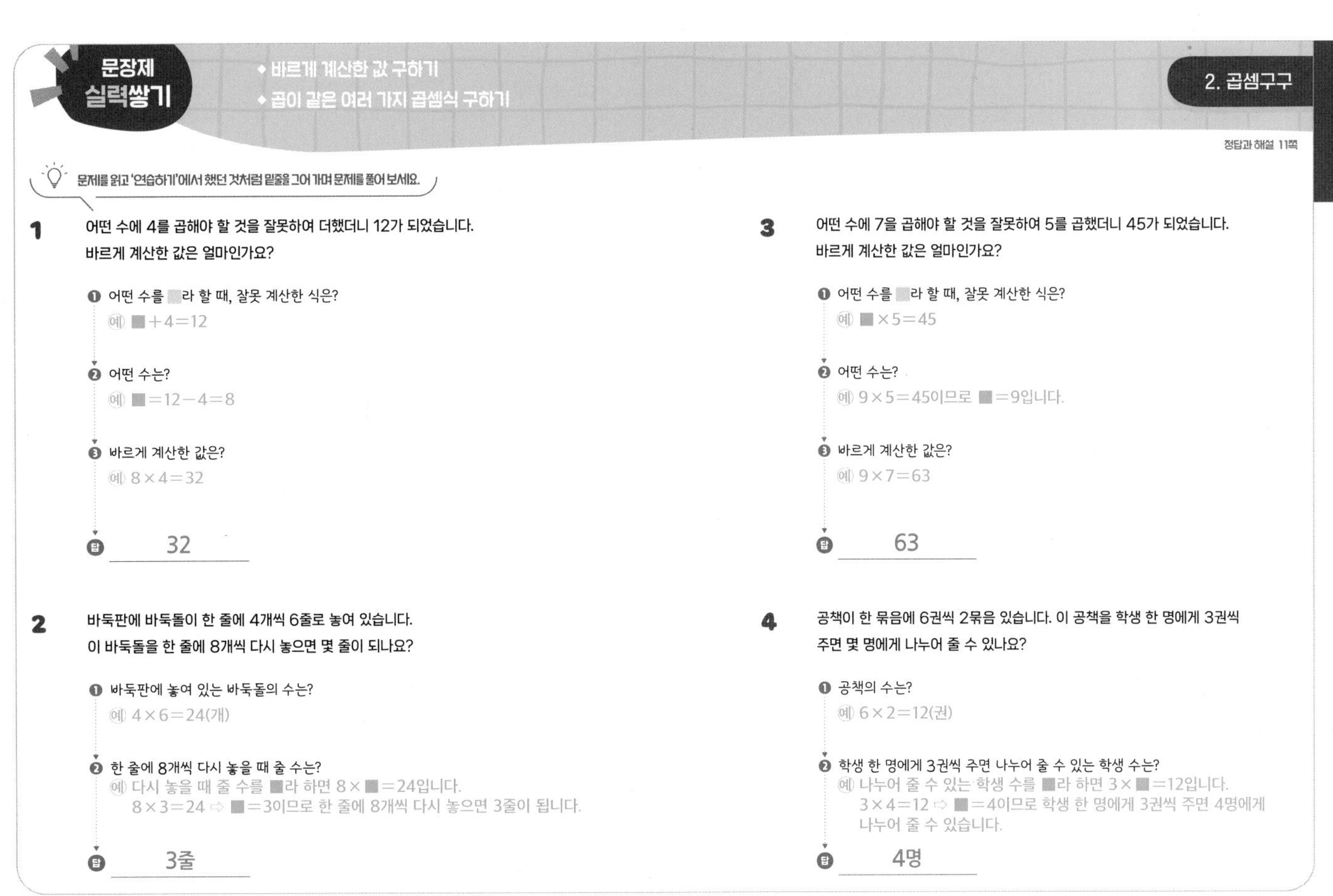

- 바르게 계산한 값 구하기
- 곱이 같은 여러 가지 곱셈식 구하기

정답과 해설 11쪽

문제를 읽고 '연습하기'에서 했던 것처럼 밑줄을 그어 가며 문제를 풀어 보세요.

1 어떤 수에 4를 곱해야 할 것을 잘못하여 더했더니 12가 되었습니다. 바르게 계산한 값은 얼마인가요?

❶ 어떤 수를 ■라 할 때, 잘못 계산한 식은?
예 ■+4=12

❷ 어떤 수는?
예 ■=12−4=8

❸ 바르게 계산한 값은?
예 8×4=32

답 32

2 바둑판에 바둑돌이 한 줄에 4개씩 6줄로 놓여 있습니다. 이 바둑돌을 한 줄에 8개씩 다시 놓으면 몇 줄이 되나요?

❶ 바둑판에 놓여 있는 바둑돌의 수는?
예 4×6=24(개)

❷ 한 줄에 8개씩 다시 놓을 때 줄 수는?
예 다시 놓을 때 줄 수를 ■라 하면 8×■=24입니다.
8×3=24 ⇨ ■=3이므로 한 줄에 8개씩 다시 놓으면 3줄이 됩니다.

답 3줄

3 어떤 수에 7을 곱해야 할 것을 잘못하여 5를 곱했더니 45가 되었습니다. 바르게 계산한 값은 얼마인가요?

❶ 어떤 수를 ■라 할 때, 잘못 계산한 식은?
예 ■×5=45

❷ 어떤 수는?
예 9×5=45이므로 ■=9입니다.

❸ 바르게 계산한 값은?
예 9×7=63

답 63

4 공책이 한 묶음에 6권씩 2묶음 있습니다. 이 공책을 학생 한 명에게 3권씩 주면 몇 명에게 나누어 줄 수 있나요?

❶ 공책의 수는?
예 6×2=12(권)

❷ 학생 한 명에게 3권씩 주면 나누어 줄 수 있는 학생 수는?
예 나누어 줄 수 있는 학생 수를 ■라 하면 3×■=12입니다.
3×4=12 ⇨ ■=4이므로 학생 한 명에게 3권씩 주면 4명에게 나누어 줄 수 있습니다.

답 4명

정답과 해설 11쪽

38쪽 모두 몇 개인지 구하기

1 한 봉지에 2개씩 들어 있는 구슬이 상자마다 3봉지 들어 있습니다. 7상자에 들어 있는 구슬은 모두 몇 개인가요?

풀이 예 한 상자에 들어 있는 구슬의 수는 2×3=6(개)입니다.
따라서 7상자에 들어 있는 구슬의 수는 모두 6×7=42(개)입니다.

답 42개

40쪽 수 카드로 곱셈식을 만들어 곱 구하기

2 3장의 수 카드 8, 4, 1 중에서 2장을 뽑아 한 번씩만 사용하여 곱셈식을 만들 때, 가장 큰 곱은 얼마인가요?

풀이 예 가장 큰 곱을 구하려면 (가장 큰 수)×(두 번째로 큰 수)를 구합니다.
수 카드의 수의 크기를 비교하면 8>4>1이므로
가장 큰 수는 8이고, 두 번째로 큰 수는 4입니다.
따라서 곱셈식을 만들 때, 가장 큰 곱은 8×4=32
(또는 4×8=32)입니다.

답 32

38쪽 모두 몇 개인지 구하기

3 야구공이 한 상자에 4개씩 2줄 들어 있습니다. 6상자에 들어 있는 야구공은 모두 몇 개인가요?

풀이 예 한 상자에 들어 있는 야구공의 수는 4×2=8(개)입니다.
따라서 6상자에 들어 있는 야구공의 수는 모두 8×6=48(개)입니다.

답 48개

40쪽 수 카드로 곱셈식을 만들어 곱 구하기

4 3장의 수 카드 6, 2, 9 중에서 2장을 뽑아 한 번씩만 사용하여 곱셈식을 만들 때, 가장 작은 곱은 얼마인가요?

풀이 예 가장 작은 곱을 구하려면
(가장 작은 수)×(두 번째로 작은 수)를 구합니다.
수 카드의 수의 크기를 비교하면 2<6<9이므로
가장 작은 수는 2이고, 두 번째로 작은 수는 6입니다.
따라서 곱셈식을 만들 때,
가장 작은 곱은 2×6=12
(또는 6×2=12)입니다.

답 12

44쪽 바르게 계산한 값 구하기

5 어떤 수에 8을 곱해야 할 것을 잘못하여 더했더니 11이 되었습니다. 바르게 계산한 값은 얼마인가요?

풀이 예 어떤 수를 ■라 하면
■+8=11 ⇨ 11−8=■, ■=3입니다.
따라서 바르게 계산한 값은 3×8=24입니다.

답 24

44쪽 바르게 계산한 값 구하기

6 어떤 수에 2를 곱해야 할 것을 잘못하여 뺐더니 5가 되었습니다. 바르게 계산한 값은 얼마인가요?

풀이 예 어떤 수를 ■라 하면
■−2=5 ⇨ 5+2=■, ■=7입니다.
따라서 바르게 계산한 값은 7×2=14입니다.

답 14

단원 마무리

맞은 개수 / 10 개 걸린 시간 / 40분

정답과 해설 12쪽

46쪽 곱이 같은 여러 가지 곱셈식 구하기

7 강당에 학생들이 한 줄에 2명씩 9줄로 서 있습니다. 이 학생들이 한 줄에 3명씩 다시 서면 몇 줄이 되나요?

풀이 예 강당에 서 있는 학생 수는 $2\times9=18$(명)입니다.
다시 설 때 줄 수를 ■라 하면 $3\times$■$=18$입니다.
$3\times6=18$ ⇨ ■$=6$이므로 한 줄에 3명씩 다시 서면 6줄이 됩니다.

답 6줄

44쪽 바르게 계산한 값 구하기

8 어떤 수에 9를 곱해야 할 것을 잘못하여 5를 곱했더니 30이 되었습니다. 바르게 계산한 값은 얼마인가요?

풀이 예 어떤 수를 ■라 하면 ■$\times5=30$입니다.
$6\times5=30$이므로 ■$=6$입니다.
따라서 바르게 계산한 값은 $6\times9=54$입니다.

답 54

46쪽 곱이 같은 여러 가지 곱셈식 구하기

9 과자가 한 상자에 3개씩 8상자 있습니다. 이 과자를 한 명에게 4개씩 주면 몇 명에게 나누어 줄 수 있나요?

풀이 예 과자의 수는 $3\times8=24$(개)입니다.
나누어 줄 수 있는 사람 수를 ■라 하면 $4\times$■$=24$입니다.
$4\times6=24$ ⇨ ■$=6$이므로 한 명에게 4개씩 주면 6명에게 나누어 줄 수 있습니다.

답 6명

40쪽 수 카드로 곱셈식을 만들어 곱 구하기

도전 문제 10 선미와 준수가 각자 가지고 있는 수 카드 3장 중에서 2장을 뽑아 한 번씩만 사용하여 곱셈식을 만들려고 합니다. 두 사람이 각각 가장 큰 곱을 구할 때, 더 큰 곱을 구할 수 있는 사람은 누구인가요?

선미 2 3 7 준수 4 5 1

❶ 선미가 구할 수 있는 가장 큰 곱은?
예 선미가 가지고 있는 수 카드의 수의 크기를 비교하면 $7>3>2$입니다.
따라서 곱셈식을 만들 때, 가장 큰 곱은 $7\times3=21$ (또는 $3\times7=21$)입니다.

❷ 준수가 구할 수 있는 가장 큰 곱은?
예 준수가 가지고 있는 수 카드의 수의 크기를 비교하면 $5>4>1$입니다.
따라서 곱셈식을 만들 때, 가장 큰 곱은 $5\times4=20$ (또는 $4\times5=20$)입니다.

❸ 더 큰 곱을 구할 수 있는 사람은?
예 $21>20$이므로 더 큰 곱을 구할 수 있는 사람은 선미입니다.

답 선미

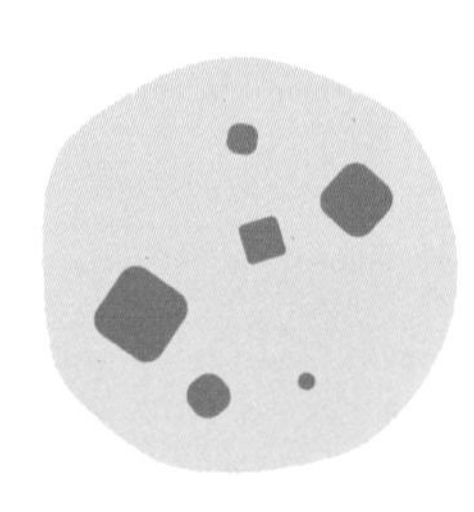

문장제 준비하기
함께 이야기해요!
요리를 만들며 빈칸에 알맞은 수를 써 보세요.
냉장고의 긴 쪽의 길이는 1 m 70 cm이고, 짧은 쪽의 길이는 80 cm야.
정답과 해설 13쪽
두 길이의 합은
1 m 70 cm + 80 cm
= 2 m 50 cm야.
두 길이의 차는
1 m 70 cm − 80 cm
= 90 cm야.
도넛 만들기
MILK
YOGURT

56쪽 • 57쪽

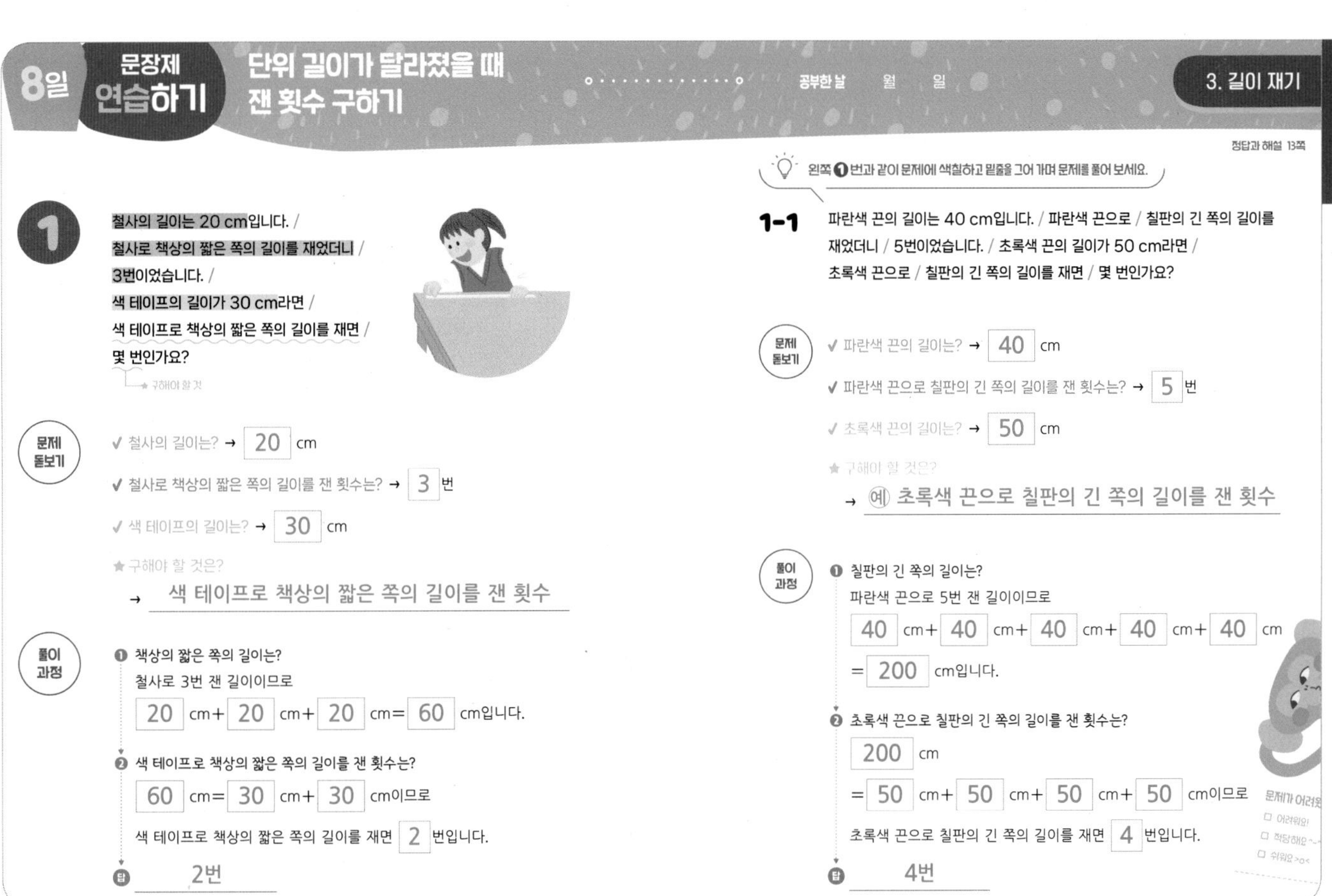
8일 문장제 연습하기

단위 길이가 달라졌을 때 잰 횟수 구하기

공부한 날 월 일

3. 길이 재기

정답과 해설 13쪽

1 철사의 길이는 20 cm입니다. / 철사로 책상의 짧은 쪽의 길이를 재었더니 / 3번이었습니다. / 색 테이프의 길이가 30 cm라면 / 색 테이프로 책상의 짧은 쪽의 길이를 재면 / 몇 번인가요?

구해야 할 것

문제 돌보기
- ✓ 철사의 길이는? → 20 cm
- ✓ 철사로 책상의 짧은 쪽의 길이를 잰 횟수는? → 3 번
- ✓ 색 테이프의 길이는? → 30 cm
- ★ 구해야 할 것은?
  → 색 테이프로 책상의 짧은 쪽의 길이를 잰 횟수

풀이 과정

❶ 책상의 짧은 쪽의 길이는?
철사로 3번 잰 길이이므로
20 cm + 20 cm + 20 cm = 60 cm입니다.

❷ 색 테이프로 책상의 짧은 쪽의 길이를 잰 횟수는?
60 cm = 30 cm + 30 cm이므로
색 테이프로 책상의 짧은 쪽의 길이를 재면 2 번입니다.

답 2번

왼쪽 ❶번과 같이 문제에 색칠하고 밑줄을 그어 가며 문제를 풀어 보세요.

1-1 파란색 끈의 길이는 40 cm입니다. / 파란색 끈으로 / 칠판의 긴 쪽의 길이를 재었더니 / 5번이었습니다. / 초록색 끈의 길이가 50 cm라면 / 초록색 끈으로 / 칠판의 긴 쪽의 길이를 재면 / 몇 번인가요?

문제 돌보기
- ✓ 파란색 끈의 길이는? → 40 cm
- ✓ 파란색 끈으로 칠판의 긴 쪽의 길이를 잰 횟수는? → 5 번
- ✓ 초록색 끈의 길이는? → 50 cm
- ★ 구해야 할 것은?
  → 예 초록색 끈으로 칠판의 긴 쪽의 길이를 잰 횟수

풀이 과정

❶ 칠판의 긴 쪽의 길이는?
파란색 끈으로 5번 잰 길이이므로
40 cm + 40 cm + 40 cm + 40 cm + 40 cm
= 200 cm입니다.

❷ 초록색 끈으로 칠판의 긴 쪽의 길이를 잰 횟수는?
200 cm
= 50 cm + 50 cm + 50 cm + 50 cm이므로
초록색 끈으로 칠판의 긴 쪽의 길이를 재면 4 번입니다.

답 4번

58쪽 • 59쪽

문장제 연습하기

수 카드로 만든 길이와의 합(차) 구하기

정답과 해설 14쪽

2 수 카드 3장을 한 번씩만 사용하여 / 가장 긴 길이를 만들었을 때, / 그 길이와 3 m 41 cm의 합을 / 구해 보세요.

2 5 6 □ m □□ cm

문제 돋보기

★ 구해야 할 것은?

→ 수 카드로 만든 가장 긴 길이와 3 m 41 cm의 합

✔ 수 카드로 가장 긴 길이를 만들려면?

→ m 단위에 가장 ((큰) , 작은) 수를 넣고, 나머지 두 수로 더 ((큰) , 작은) 두 자리 수를 만들어 cm 단위에 넣습니다.

풀이 과정

❶ 수 카드로 만든 가장 긴 길이는?

수 카드의 수의 크기를 비교하면 6 > 5 > 2 이므로

가장 긴 길이는 6 m 5 2 cm입니다.

❷ 위 ❶에서 구한 길이와 3 m 41 cm의 합은?

6 m 52 cm (+) 3 m 41 cm

= 9 m 93 cm

답 9 m 93 cm

왼쪽 ❷번과 같이 문제에 색칠하고 밑줄을 그어 가며 문제를 풀어 보세요.

2-1 수 카드 3장을 한 번씩만 사용하여 / 가장 짧은 길이를 만들었을 때, / 그 길이와 5 m 20 cm의 차를 / 구해 보세요.

4 1 7 □ m □□ cm

문제 돋보기

★ 구해야 할 것은?

→ 예 수 카드로 만든 가장 짧은 길이와 5 m 20 cm의 차

✔ 수 카드로 가장 짧은 길이를 만들려면?

→ m 단위에 가장 (큰 , (작은)) 수를 넣고, 나머지 두 수로 더 (큰 , (작은)) 두 자리 수를 만들어 cm 단위에 넣습니다.

풀이 과정

❶ 수 카드로 만든 가장 짧은 길이는?

수 카드의 수의 크기를 비교하면 1 < 4 < 7 이므로

가장 짧은 길이는 1 m 4 7 cm입니다.

❷ 위 ❶에서 구한 길이와 5 m 20 cm의 차는?

5 m 20 cm (−) 1 m 47 cm

= 3 m 73 cm

답 3 m 73 cm

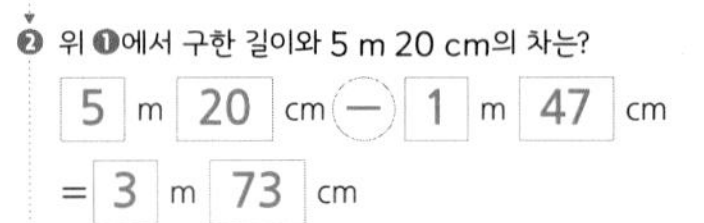

문장제 실력쌓기

◆ 단위 길이가 달라졌을 때 잰 횟수 구하기 ◆ 수 카드로 만든 길이와의 합(차) 구하기

정답과 해설 14쪽

문제를 읽고 '연습하기'에서 했던 것처럼 밑줄을 그어 가며 문제를 풀어 보세요.

1 빨간색 끈의 길이는 30 cm입니다. 빨간색 끈으로 식탁의 긴 쪽의 길이를 재었더니 4번이었습니다. 보라색 끈의 길이가 40 cm라면 보라색 끈으로 식탁의 긴 쪽의 길이를 재면 몇 번인가요?

❶ 식탁의 긴 쪽의 길이는?

예 빨간색 끈으로 4번 잰 길이이므로 30 cm+30 cm+30 cm+30 cm=120 cm입니다.

❷ 보라색 끈으로 식탁의 긴 쪽의 길이를 잰 횟수는?

예 120 cm=40 cm+40 cm+40 cm이므로 보라색 끈으로 식탁의 긴 쪽의 길이를 재면 3번입니다.

답 3번

2 수 카드 3장을 한 번씩만 사용하여 가장 긴 길이를 만들었을 때, 그 길이와 1 m 79 cm의 합을 구해 보세요.

1 6 2 □ m □□ cm

❶ 수 카드로 만든 가장 긴 길이는?

예 수 카드의 수의 크기를 비교하면 6 > 2 > 1이므로 가장 긴 길이는 6 m 21 cm입니다.

❷ 위 ❶에서 구한 길이와 1 m 79 cm의 합은?

예 6 m 21 cm+1 m 79 cm=8 m

답 8 m

3 나무 막대의 길이는 50 cm입니다. 나무 막대로 7번 잰 길이를 쇠막대로 재었더니 5번이었습니다. 쇠막대의 길이는 몇 cm인가요?

❶ 나무 막대로 7번 잰 길이는?

예 50 cm+50 cm+50 cm+50 cm+50 cm+50 cm+50 cm =350 cm

❷ 쇠막대의 길이는?

예 350 cm=70 cm+70 cm+70 cm+70 cm+70 cm

⇨ 나무 막대로 7번 잰 길이는 70 cm로 5번이므로 쇠막대의 길이는 70 cm입니다.

답 70 cm

4 수 카드 4장 중에서 3장을 뽑아 한 번씩만 사용하여 가장 짧은 길이를 만들었을 때, 그 길이와 6 m 37 cm의 차를 구해 보세요.

3 5 8 4 □ m □□ cm

❶ 수 카드로 만든 가장 짧은 길이는?

예 수 카드의 수의 크기를 비교하면 3 < 4 < 5 < 8이므로 가장 짧은 길이는 3 m 45 cm입니다.

❷ 위 ❶에서 구한 길이와 6 m 37 cm의 차는?

예 6 m 37 cm−3 m 45 cm=2 m 92 cm

답 2 m 92 cm

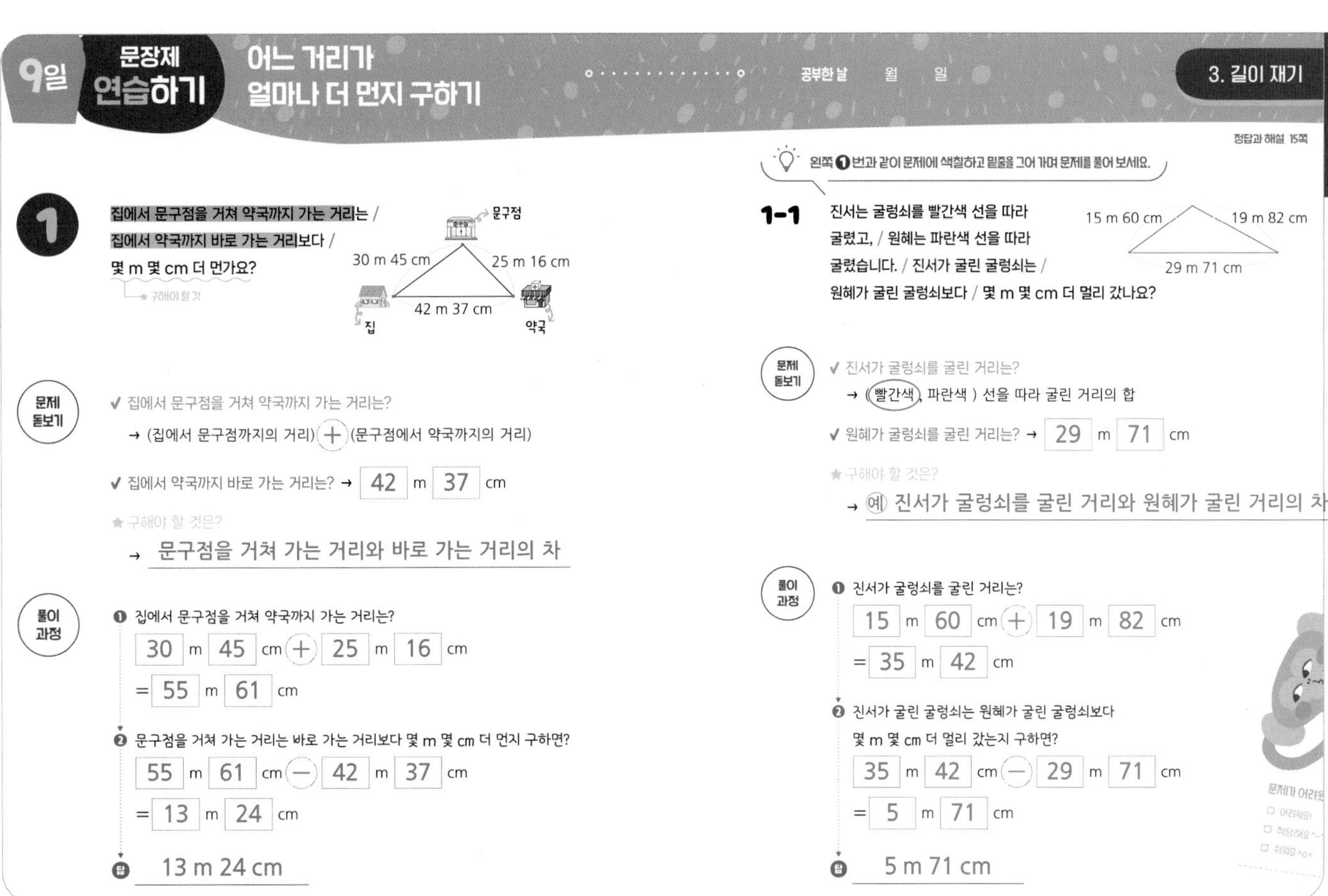

9일 문장제 연습하기 어느 거리가 얼마나 더 먼지 구하기

공부한 날 월 일

3. 길이 재기

정답과 해설 15쪽

1 집에서 문구점을 거쳐 약국까지 가는 거리는 / 집에서 약국까지 바로 가는 거리보다 / 몇 m 몇 cm 더 먼가요?

→ 구해야 할 것

문구점, 30 m 45 cm, 25 m 16 cm, 42 m 37 cm, 집, 약국

문제 돋보기
✔ 집에서 문구점을 거쳐 약국까지 가는 거리는?
→ (집에서 문구점까지의 거리) + (문구점에서 약국까지의 거리)
✔ 집에서 약국까지 바로 가는 거리는? → 42 m 37 cm
★ 구해야 할 것은?
→ 문구점을 거쳐 가는 거리와 바로 가는 거리의 차

풀이 과정
❶ 집에서 문구점을 거쳐 약국까지 가는 거리는?
30 m 45 cm + 25 m 16 cm
= 55 m 61 cm
❷ 문구점을 거쳐 가는 거리는 바로 가는 거리보다 몇 m 몇 cm 더 먼지 구하면?
55 m 61 cm − 42 m 37 cm
= 13 m 24 cm
답 13 m 24 cm

왼쪽 ❶번과 같이 문제에 색칠하고 밑줄을 그어 가며 문제를 풀어 보세요.

1-1 진서는 굴렁쇠를 빨간색 선을 따라 굴렸고, / 원혜는 파란색 선을 따라 굴렸습니다. / 진서가 굴린 굴렁쇠는 / 원혜가 굴린 굴렁쇠보다 / 몇 m 몇 cm 더 멀리 갔나요?

15 m 60 cm, 19 m 82 cm, 29 m 71 cm

문제 돋보기
✔ 진서가 굴렁쇠를 굴린 거리는?
→ (빨간색, 파란색) 선을 따라 굴린 거리의 합
✔ 원혜가 굴렁쇠를 굴린 거리는? → 29 m 71 cm
★ 구해야 할 것은?
→ 예) 진서가 굴렁쇠를 굴린 거리와 원혜가 굴린 거리의 차

풀이 과정
❶ 진서가 굴렁쇠를 굴린 거리는?
15 m 60 cm + 19 m 82 cm
= 35 m 42 cm
❷ 진서가 굴린 굴렁쇠는 원혜가 굴린 굴렁쇠보다 몇 m 몇 cm 더 멀리 갔는지 구하면?
35 m 42 cm − 29 m 71 cm
= 5 m 71 cm
답 5 m 71 cm

64쪽 • 65쪽

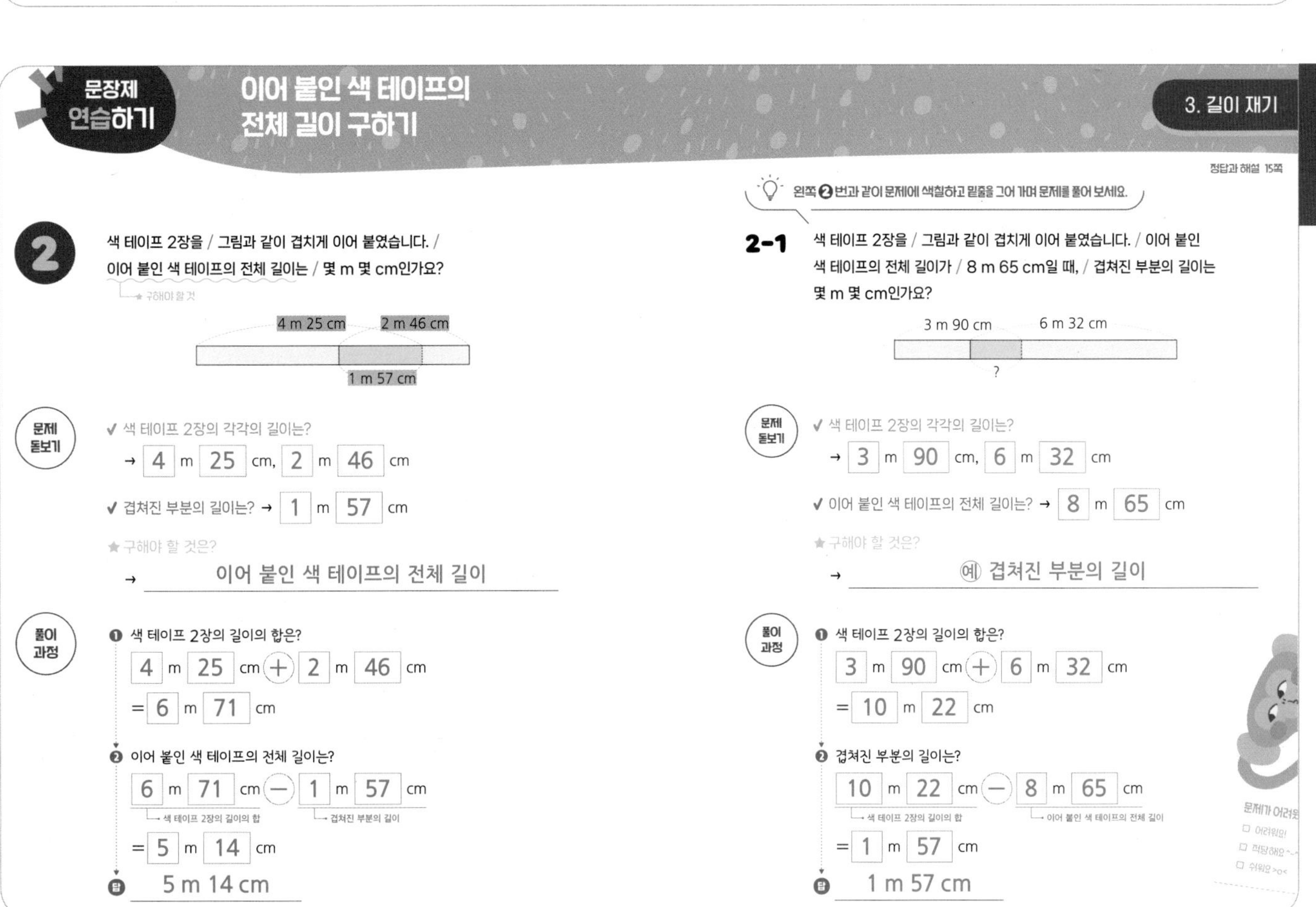

문장제 연습하기 이어 붙인 색 테이프의 전체 길이 구하기

3. 길이 재기

정답과 해설 15쪽

2 색 테이프 2장을 / 그림과 같이 겹치게 이어 붙였습니다. / 이어 붙인 색 테이프의 전체 길이는 / 몇 m 몇 cm인가요?

→ 구해야 할 것

4 m 25 cm, 2 m 46 cm, 1 m 57 cm

문제 돋보기
✔ 색 테이프 2장의 각각의 길이는?
→ 4 m 25 cm, 2 m 46 cm
✔ 겹쳐진 부분의 길이는? → 1 m 57 cm
★ 구해야 할 것은?
→ 이어 붙인 색 테이프의 전체 길이

풀이 과정
❶ 색 테이프 2장의 길이의 합은?
4 m 25 cm + 2 m 46 cm
= 6 m 71 cm
❷ 이어 붙인 색 테이프의 전체 길이는?
6 m 71 cm − 1 m 57 cm
(색 테이프 2장의 길이의 합) (겹쳐진 부분의 길이)
= 5 m 14 cm
답 5 m 14 cm

왼쪽 ❷번과 같이 문제에 색칠하고 밑줄을 그어 가며 문제를 풀어 보세요.

2-1 색 테이프 2장을 / 그림과 같이 겹치게 이어 붙였습니다. / 이어 붙인 색 테이프의 전체 길이가 / 8 m 65 cm일 때, / 겹쳐진 부분의 길이는 몇 m 몇 cm인가요?

3 m 90 cm, 6 m 32 cm, ?

문제 돋보기
✔ 색 테이프 2장의 각각의 길이는?
→ 3 m 90 cm, 6 m 32 cm
✔ 이어 붙인 색 테이프의 전체 길이는? → 8 m 65 cm
★ 구해야 할 것은?
→ 예) 겹쳐진 부분의 길이

풀이 과정
❶ 색 테이프 2장의 길이의 합은?
3 m 90 cm + 6 m 32 cm
= 10 m 22 cm
❷ 겹쳐진 부분의 길이는?
10 m 22 cm − 8 m 65 cm
(색 테이프 2장의 길이의 합) (이어 붙인 색 테이프의 전체 길이)
= 1 m 57 cm
답 1 m 57 cm

66쪽 • 67쪽

68쪽 • 69쪽

◆ 어느 거리가 얼마나 더 먼지 구하기
◆ 이어 붙인 색 테이프의 전체 길이 구하기

정답과 해설 16쪽

문제를 읽고 '연습하기'에서 했던 것처럼 밑줄을 그어 가며 문제를 풀어 보세요.

1 학교에서 도서관을 거쳐 공원까지 가는 거리는 학교에서 공원까지 바로 가는 거리보다 몇 m 몇 cm 더 먼가요?

(그림: 학교–도서관 56 m 13 cm, 도서관–공원 45 m 37 cm, 학교–공원 70 m)

❶ 학교에서 도서관을 거쳐 공원까지 가는 거리는?
예 56 m 13 cm+45 m 37 cm=101 m 50 cm

❷ 도서관을 거쳐 가는 거리는 바로 가는 거리보다 몇 m 몇 cm 더 먼지 구하면?
예 101 m 50 cm−70 m=31 m 50 cm

답 31 m 50 cm

2 색 테이프 2장을 그림과 같이 겹치게 이어 붙였습니다. 이어 붙인 색 테이프의 전체 길이는 몇 m 몇 cm인가요?

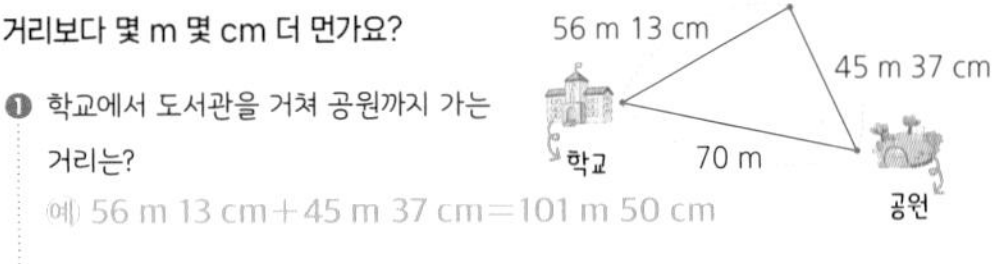

❶ 색 테이프 2장의 길이의 합은?
예 6 m 36 cm+3 m 94 cm=10 m 30 cm

❷ 이어 붙인 색 테이프의 전체 길이는?
예 10 m 30 cm−2 m 25 cm=8 m 5 cm

답 8 m 5 cm

3 길이가 5 m 61 cm인 색 테이프 2장을 그림과 같이 겹치게 이어 붙였습니다. 이어 붙인 색 테이프의 전체 길이가 10 m일 때, 겹쳐진 부분의 길이는 몇 m 몇 cm인가요?

(그림: 5 m 61 cm, 5 m 61 cm, ?)

❶ 색 테이프 2장의 길이의 합은?
예 5 m 61 cm+5 m 61 cm=11 m 22 cm

❷ 겹쳐진 부분의 길이는?
예 11 m 22 cm−10 m=1 m 22 cm

답 1 m 22 cm

4 ㉮에서 ㉯를 거쳐 ㉰까지 가는 거리는 ㉮에서 ㉱를 거쳐 ㉰까지 가는 거리보다 몇 m 몇 cm 더 가까운가요?

(그림: ㉮–㉯ 21 m 50 cm, ㉮–㉱ 17 m 85 cm, ㉯–㉰ 15 m 36 cm, ㉱–㉰ 22 m 74 cm)

❶ ㉮에서 ㉯를 거쳐 ㉰까지 가는 거리는?
예 21 m 50 cm+15 m 36 cm=36 m 86 cm

❷ ㉮에서 ㉱를 거쳐 ㉰까지 가는 거리는?
예 17 m 85 cm+22 m 74 cm=40 m 59 cm

❸ ㉯를 거쳐 가는 거리는 ㉱를 거쳐 가는 거리보다 몇 m 몇 cm 더 가까운지 구하면?
예 40 m 59 cm−36 m 86 cm=3 m 73 cm

답 3 m 73 cm

70쪽 • 71쪽

10일 문장제 연습하기 **길이의 합과 차**

공부한 날 월 일

정답과 해설 16쪽

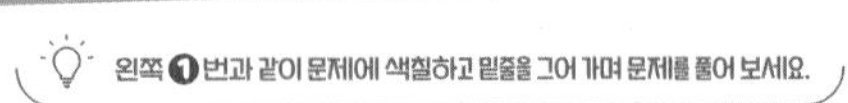

1 노란색 털실의 길이는 / 3 m 40 cm입니다. / 분홍색 털실의 길이는 / 노란색 털실보다 1 m 55 cm 더 짧습니다. / 노란색 털실과 분홍색 털실의 길이의 합은 / 몇 m 몇 cm인가요?
→ 구해야 할 것

✔ 노란색 털실의 길이는? → 3 m 40 cm
✔ 분홍색 털실의 길이는?
→ 노란색 털실보다 1 m 55 cm 더 짧습니다.
★ 구해야 할 것은?
→ 노란색 털실과 분홍색 털실의 길이의 합

풀이 과정

❶ 분홍색 털실의 길이는?
3 m 40 cm − 1 m 55 cm (→ 노란색 털실의 길이)
= 1 m 85 cm

❷ 노란색 털실과 분홍색 털실의 길이의 합은?
3 m 40 cm + 1 m 85 cm (→ 노란색 털실의 길이, → 분홍색 털실의 길이)
= 5 m 25 cm

답 5 m 25 cm

1-1 밧줄의 길이는 / 줄넘기 줄보다 2 m 48 cm 더 길고, / 고무 호스의 길이는 / 밧줄보다 1 m 27 cm 더 짧습니다. / 줄넘기 줄의 길이가 1 m 89 cm일 때, / 고무 호스의 길이는 몇 m 몇 cm인가요?

문제 돌보기

✔ 밧줄의 길이는? → 줄넘기 줄보다 2 m 48 cm 더 깁니다.
✔ 고무 호스의 길이는?
→ 밧줄보다 1 m 27 cm 더 짧습니다.
✔ 줄넘기 줄의 길이는? → 1 m 89 cm
★ 구해야 할 것은?
→ 예 고무 호스의 길이

풀이 과정

❶ 밧줄의 길이는?
1 m 89 cm + 2 m 48 cm (→ 줄넘기 줄의 길이)
= 4 m 37 cm

❷ 고무 호스의 길이는?
4 m 37 cm − 1 m 27 cm (→ 밧줄의 길이)
= 3 m 10 cm

답 3 m 10 cm

문장제 연습하기 — 두 도막으로 잘랐을 때 긴(짧은) 도막의 길이 구하기

3. 길이 재기 **72쪽 • 73쪽**

정답과 해설 17쪽

2 길이가 230 cm인 끈을 / 한 번 잘랐더니 / 긴 도막이 짧은 도막보다 / 30 cm 더 깁니다. / 짧은 도막의 길이는 몇 cm인가요?

구해야 할 것

문제 돋보기

✓ 자르기 전의 끈의 길이는? → 230 cm

✓ 긴 도막의 길이는?
→ 짧은 도막보다 30 cm 더 깁니다.

★ 구해야 할 것은?
→ 짧은 도막의 길이

풀이 과정

❶ 짧은 도막의 길이를 ■ cm라 하면 긴 도막의 길이는?
(긴 도막의 길이)=(■+30) cm

❷ 짧은 도막의 길이는?
자르기 전의 끈의 길이는 (짧은 도막의 길이)+(긴 도막의 길이)이므로
■+■+30=230, ■+■=200,
■=100 입니다.
따라서 짧은 도막의 길이는 100 cm입니다.

답 100 cm

왼쪽 ❷번과 같이 문제에 색칠하고 밑줄을 그어 가며 문제를 풀어 보세요.

2-1 길이가 440 cm인 색 테이프를 / 한 번 잘랐더니 / 긴 도막이 짧은 도막보다 / 20 cm 더 깁니다. / 긴 도막의 길이는 몇 m 몇 cm인가요?

문제 돋보기

✓ 자르기 전의 색 테이프의 길이는? → 440 cm

✓ 긴 도막의 길이는?
→ 짧은 도막보다 20 cm 더 깁니다.

★ 구해야 할 것은?
→ 예) 긴 도막의 길이

풀이 과정

❶ 짧은 도막의 길이를 ■ cm라 하면 긴 도막의 길이는?
(긴 도막의 길이)=(■+20) cm

❷ 짧은 도막의 길이는?
■+■+20=440, ■+■=420,
■=210
⇨ (짧은 도막의 길이)=210 cm=2 m 10 cm

❸ 긴 도막의 길이는?
2 m 10 cm+20 cm=2 m 30 cm
(짧은 도막의 길이)

답 2 m 30 cm

문제가 어려웠나요?
□ 어려워요
□ 적당해요
□ 쉬워요

문장제 실력쌓기 — 길이의 합과 차 / 두 도막으로 잘랐을 때 긴(짧은) 도막의 길이 구하기

3. 길이 재기 **74쪽 • 75쪽**

정답과 해설 17쪽

문제를 읽고 '연습하기'에서 했던 것처럼 밑줄을 그어 가며 문제를 풀어 보세요.

1 초록색 테이프의 길이는 4 m 73 cm입니다. 검은색 테이프의 길이는 초록색 테이프보다 2 m 82 cm 더 짧습니다. 초록색 테이프와 검은색 테이프의 길이의 합은 몇 m 몇 cm인가요?

❶ 검은색 테이프의 길이는?
예) 4 m 73 cm−2 m 82 cm=1 m 91 cm

❷ 초록색 테이프와 검은색 테이프의 길이의 합은?
예) 4 m 73 cm+1 m 91 cm=6 m 64 cm

답 6 m 64 cm

2 감나무의 높이는 소나무보다 3 m 29 cm 더 낮고, 은행나무의 높이는 감나무보다 1 m 71 cm 더 높습니다. 소나무의 높이가 5 m 34 cm일 때, 은행나무의 높이는 몇 m 몇 cm인가요?

❶ 감나무의 높이는?
예) 5 m 34 cm−3 m 29 cm=2 m 5 cm

❷ 은행나무의 높이는?
예) 2 m 5 cm+1 m 71 cm=3 m 76 cm

답 3 m 76 cm

3 길이가 280 cm인 끈을 한 번 잘랐더니 긴 도막이 짧은 도막보다 60 cm 더 깁니다. 짧은 도막의 길이는 몇 cm인가요?

❶ 짧은 도막의 길이를 ■ cm라 하면 긴 도막의 길이는?
예) (짧은 도막의 길이)=■ cm라 하면
(긴 도막의 길이)=(■+60) cm입니다.

❷ 짧은 도막의 길이는?
예) ■+■+60=280, ■+■=220, ■=110이므로
짧은 도막의 길이는 110 cm입니다.

답 110 cm

4 길이가 320 cm인 색 테이프를 한 번 잘랐더니 긴 도막이 짧은 도막보다 40 cm 더 깁니다. 긴 도막의 길이는 몇 m 몇 cm인가요?

❶ 짧은 도막의 길이를 ■ cm라 하면 긴 도막의 길이는?
예) (짧은 도막의 길이)=■ cm라 하면
(긴 도막의 길이)=(■+40) cm입니다.

❷ 짧은 도막의 길이는?
예) ■+■+40=320, ■+■=280, ■=140이므로
짧은 도막의 길이는 140 cm=1 m 40 cm입니다.

❸ 긴 도막의 길이는?
예) 1 m 40 cm+40 cm=1 m 80 cm

답 1 m 80 cm

58쪽 단위 길이가 달라졌을 때 잰 횟수 구하기

1 노란색 막대의 길이는 40 cm입니다. 노란색 막대로 교실의 긴 쪽의 길이를 재었더니 6번이었습니다. 초록색 막대의 길이가 60 cm라면 초록색 막대로 교실의 긴 쪽의 길이를 재면 몇 번인가요?

풀이 예) 교실의 긴 쪽의 길이는 노란색 막대로 6번 잰 길이이므로
40 cm+40 cm+40 cm+40 cm+40 cm+40 cm
=240 cm입니다.
⇨ 240 cm=60 cm+60 cm+60 cm+60 cm이므로 초록색 막대로 교실의 긴 쪽의 길이를 재면 4번입니다.

답 4번

60쪽 수 카드로 만든 길이와의 합(차) 구하기

2 수 카드 3장을 한 번씩만 사용하여 가장 긴 길이를 만들었을 때, 그 길이와 2 m 96 cm의 합을 구해 보세요.

5 7 0 ☐ m ☐☐ cm

풀이 예) 수 카드의 수의 크기를 비교하면 7>5>0이므로
가장 긴 길이는 7 m 50 cm입니다.
⇨ 7 m 50 cm+2 m 96 cm=10 m 46 cm

답 10 m 46 cm

58쪽 단위 길이가 달라졌을 때 잰 횟수 구하기

3 우산의 길이는 80 cm입니다. 우산으로 5번 잰 길이를 야구 방망이로 재었더니 4번이었습니다. 야구 방망이의 길이는 몇 cm인가요?

풀이 예) 우산으로 5번 잰 길이는
80 cm+80 cm+80 cm+80 cm+80 cm=400 cm입니다.
400 cm=100 cm+100 cm+100 cm+100 cm
⇨ 우산으로 5번 잰 길이는 100 cm로 4번이므로 야구 방망이의 길이는 100 cm입니다.

답 100 cm

60쪽 수 카드로 만든 길이와의 합(차) 구하기

4 수 카드 4장 중에서 3장을 뽑아 한 번씩만 사용하여 가장 짧은 길이를 만들었을 때, 그 길이와 4 m 23 cm의 차를 구해 보세요.

2 9 6 8 ☐ m ☐☐ cm

풀이 예) 수 카드의 수의 크기를 비교하면 2<6<8<9이므로
가장 짧은 길이는 2 m 68 cm입니다.
⇨ 4 m 23 cm−2 m 68 cm=1 m 55 cm

답 1 m 55 cm

64쪽 어느 거리가 얼마나 더 먼지 구하기

5 ㉮에서 ㉯를 거쳐 ㉰까지 가는 거리는 ㉮에서 ㉰까지 바로 가는 거리보다 몇 m 몇 cm 더 먼가요?

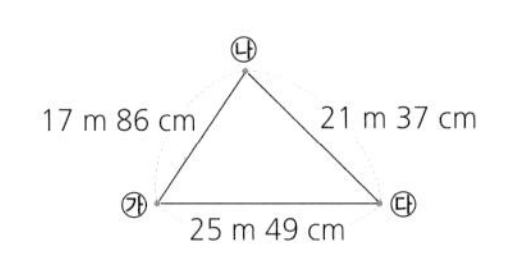

풀이 예) (㉮에서 ㉯를 거쳐 ㉰까지 가는 거리)
=17 m 86 cm+21 m 37 cm=39 m 23 cm
⇨ ㉯를 거쳐 가는 거리는 바로 가는 거리보다
39 m 23 cm−25 m 49 cm=13 m 74 cm 더 멉니다.

답 13 m 74 cm

66쪽 이어 붙인 색 테이프의 전체 길이 구하기

6 색 테이프 2장을 그림과 같이 겹치게 이어 붙였습니다. 이어 붙인 색 테이프의 전체 길이는 몇 m 몇 cm인가요?

3 m 54 cm 7 m 29 cm
1 m 36 cm

풀이 예) (색 테이프 2장의 길이의 합)
=3 m 54 cm+7 m 29 cm=10 m 83 cm
⇨ (이어 붙인 색 테이프의 전체 길이)
=10 m 83 cm−1 m 36 cm=9 m 47 cm

답 9 m 47 cm

70쪽 길이의 합과 차

7 리본의 길이는 6 m 19 cm입니다. 고무줄의 길이는 리본보다 3 m 49 cm 더 짧습니다. 리본과 고무줄의 길이의 합은 몇 m 몇 cm인가요?

풀이 예) (고무줄의 길이)=6 m 19 cm−3 m 49 cm=2 m 70 cm
⇨ (리본과 고무줄의 길이의 합)
=6 m 19 cm+2 m 70 cm=8 m 89 cm

답 8 m 89 cm

70쪽 길이의 합과 차

8 나무 막대의 길이는 철사보다 2 m 96 cm 더 길고, 털실의 길이는 나무 막대보다 1 m 35 cm 더 짧습니다. 철사의 길이가 7 m 21 cm일 때, 털실의 길이는 몇 m 몇 cm인가요?

풀이 예) (나무 막대의 길이)
=7 m 21 cm+2 m 96 cm=10 m 17 cm
⇨ (털실의 길이)=10 m 17 cm−1 m 35 cm=8 m 82 cm

답 8 m 82 cm

72쪽 두 도막으로 잘랐을 때 긴(짧은) 도막의 길이 구하기

9 길이가 480 cm인 통나무를 한 번 잘랐더니 긴 도막이 짧은 도막보다 60 cm 더 깁니다. 긴 도막의 길이는 몇 m 몇 cm인가요?

풀이 예) (짧은 도막의 길이)=■ cm라 하면
(긴 도막의 길이)=(■+60) cm입니다.
■+■+60=480, ■+■=420, ■=210이므로
짧은 도막의 길이는 210 cm=2 m 10 cm입니다.
따라서 긴 도막의 길이는 2 m 10 cm+60 cm=2 m 70 cm입니다.

답 2 m 70 cm

66쪽 이어 붙인 색 테이프의 전체 길이 구하기

도전 문제 10 색 테이프 3장을 그림과 같이 같은 길이만큼 겹치게 이어 붙였습니다. 이어 붙인 색 테이프 전체의 길이가 6 m 88 cm일 때, ㉠에 알맞은 수는 얼마인가요?

2 m 9 cm 2 m 9 cm 3 m 70 cm
㉠ cm ㉠ cm

❶ 색 테이프 3장의 길이의 합은?
예) 2 m 9 cm+2 m 9 cm+3 m 70 cm=7 m 88 cm

❷ 겹쳐진 부분의 길이의 합은?
예) 7 m 88 cm−6 m 88 cm=1 m

❸ ㉠에 알맞은 수는?
예) ㉠ cm+㉠ cm=1 m=100 cm,
100 cm=50 cm+50 cm이므로
㉠에 알맞은 수는 50입니다.

답 50

4. 시각과 시간

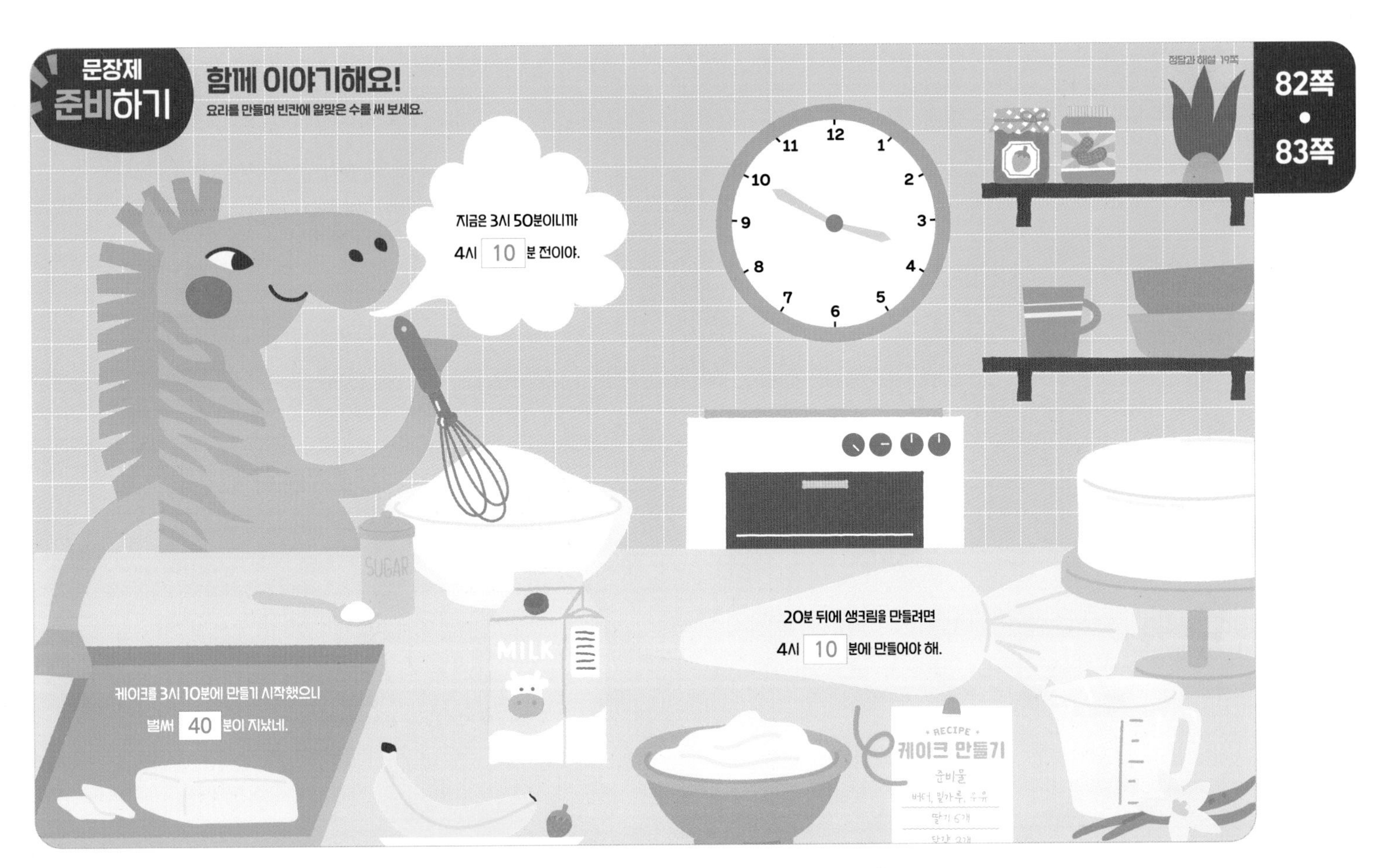

문장제 준비하기
함께 이야기해요!
요리를 만들며 빈칸에 알맞은 수를 써 보세요.
정답과 해설 19쪽
82쪽 • 83쪽
지금은 3시 50분이니까 4시 10 분 전이야.
20분 뒤에 생크림을 만들려면 4시 10 분에 만들어야 해.
케이크를 3시 10분에 만들기 시작했으니 벌써 40 분이 지났네.
MILK
SUGAR
RECIPE
케이크 만들기

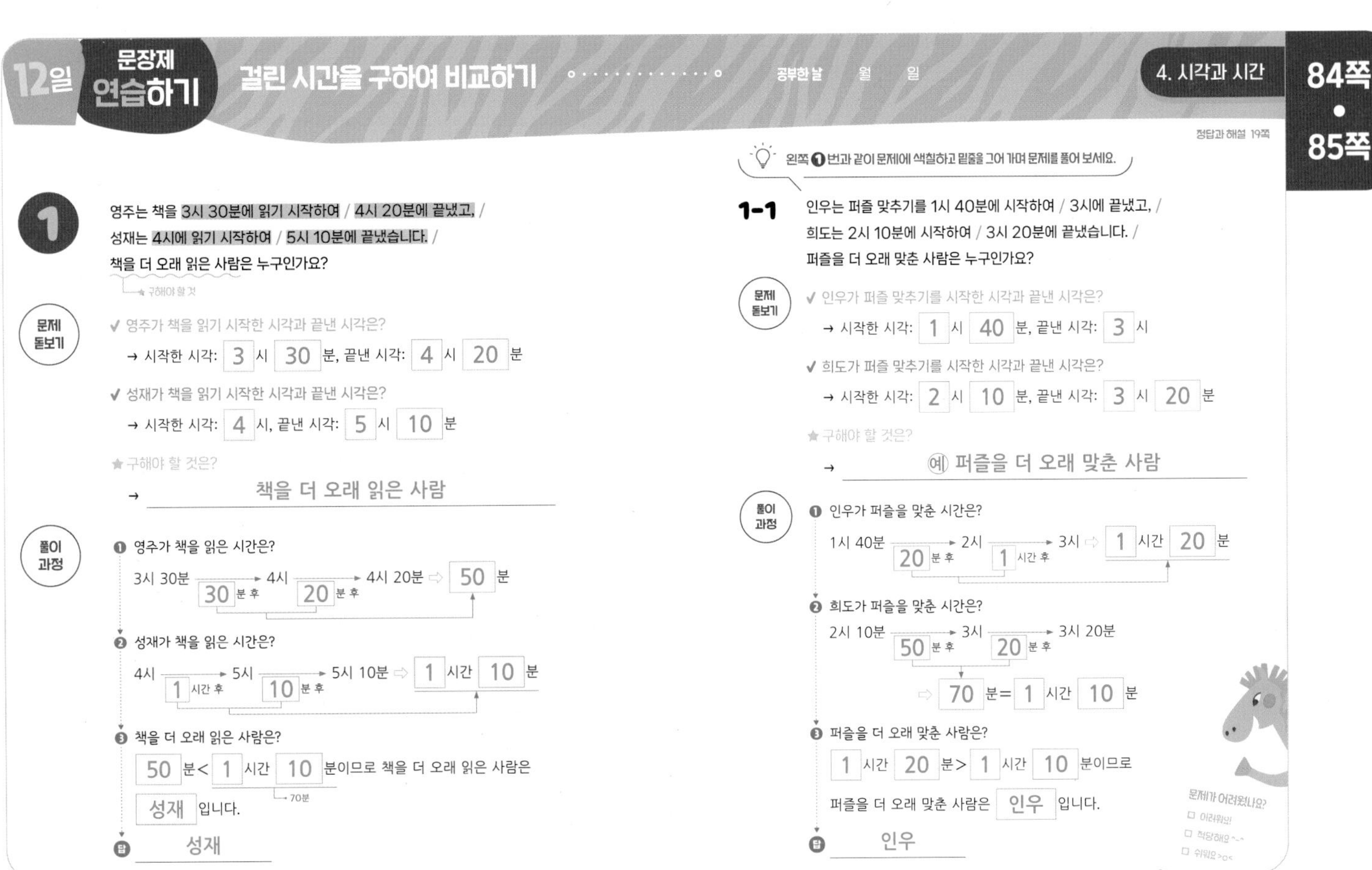

12일 문장제 연습하기 걸린 시간을 구하여 비교하기 공부한 날 월 일 4. 시각과 시간

84쪽 • 85쪽

정답과 해설 19쪽

1 영주는 책을 3시 30분에 읽기 시작하여 / 4시 20분에 끝냈고, / 성재는 4시에 읽기 시작하여 / 5시 10분에 끝냈습니다. / 책을 더 오래 읽은 사람은 누구인가요?

문제 돋보기

✔ 영주가 책을 읽기 시작한 시각과 끝낸 시각은?
→ 시작한 시각: 3 시 30 분, 끝낸 시각: 4 시 20 분

✔ 성재가 책을 읽기 시작한 시각과 끝낸 시각은?
→ 시작한 시각: 4 시, 끝낸 시각: 5 시 10 분

★ 구해야 할 것은?
→ 책을 더 오래 읽은 사람

풀이 과정

❶ 영주가 책을 읽은 시간은?
3시 30분 → (30 분 후) 4시 → (20 분 후) 4시 20분 ⇨ 50 분

❷ 성재가 책을 읽은 시간은?
4시 → (1 시간 후) 5시 → (10 분 후) 5시 10분 ⇨ 1 시간 10 분

❸ 책을 더 오래 읽은 사람은?
50 분 < 1 시간 10 분(70분)이므로 책을 더 오래 읽은 사람은 성재 입니다.

답 성재

왼쪽 ❶번과 같이 문제에 색칠하고 밑줄을 그어 가며 문제를 풀어 보세요.

1-1 인우는 퍼즐 맞추기를 1시 40분에 시작하여 / 3시에 끝냈고, / 희도는 2시 10분에 시작하여 / 3시 20분에 끝냈습니다. / 퍼즐을 더 오래 맞춘 사람은 누구인가요?

문제 돋보기

✔ 인우가 퍼즐 맞추기를 시작한 시각과 끝낸 시각은?
→ 시작한 시각: 1 시 40 분, 끝낸 시각: 3 시

✔ 희도가 퍼즐 맞추기를 시작한 시각과 끝낸 시각은?
→ 시작한 시각: 2 시 10 분, 끝낸 시각: 3 시 20 분

★ 구해야 할 것은?
→ 예 퍼즐을 더 오래 맞춘 사람

풀이 과정

❶ 인우가 퍼즐을 맞춘 시간은?
1시 40분 → (20 분 후) 2시 → (1 시간 후) 3시 ⇨ 1 시간 20 분

❷ 희도가 퍼즐을 맞춘 시간은?
2시 10분 → (50 분 후) 3시 → (20 분 후) 3시 20분
⇨ 70 분 = 1 시간 10 분

❸ 퍼즐을 더 오래 맞춘 사람은?
1 시간 20 분 > 1 시간 10 분이므로 퍼즐을 더 오래 맞춘 사람은 인우 입니다.

답 인우

문제가 어려웠나요?
□ 어려워요
□ 적당해요
□ 쉬워요

문장제 연습하기 달력의 일부분을 보고 날짜(요일) 구하기

정답과 해설 20쪽

2 오른쪽은 어느 해의 3월 달력의 일부분입니다. / 3월의 셋째 수요일은 며칠인가요?

3월

일	월	화	수	목	금	토
			1	2	3	4

문제 돋보기
✓ 3월의 첫째 수요일의 날짜는?
→ 3월의 첫째 수요일의 날짜는 1 일입니다.

★구해야 할 것은?
→ 3월의 셋째 수요일의 날짜

풀이 과정
❶ 3월의 셋째 수요일의 날짜는?
수요일이 7일마다 반복되므로
3월의 둘째 수요일은 1 + 7 = 8 (일), (첫째 수요일의 날짜)
3월의 셋째 수요일은 8 + 7 = 15 (일)입니다. (둘째 수요일의 날짜)

답 15일

왼쪽 ❷번과 같이 문제에 색칠하고 밑줄을 그어 가며 문제를 풀어 보세요.

2-1 오른쪽은 어느 해의 / 10월 달력의 일부분입니다. / 10월 23일은 무슨 요일인가요?

10월

일	월	화	수	목	금	토
1	2	3	4	5	6	7

문제 돋보기
✓ 10월 첫째 주의 요일별 날짜는?
→ 1일은 일요일, 2일은 월 요일, 3일은 화 요일, ⋯,
7일은 토 요일입니다.

★구해야 할 것은?
→ 예 10월 23일의 요일

풀이 과정
❶ 23일과 요일이 같은 날짜를 모두 구하면?
같은 요일이 7 일마다 반복되므로 23일과 요일이 같은 날짜는
23 − 7 = 16 (일), 16 − 7 = 9 (일),
9 − 7 = 2 (일)입니다.

❷ 10월 23일은 무슨 요일인지 구하면?
2일이 월 요일이므로 23일은 월 요일입니다.

답 월요일

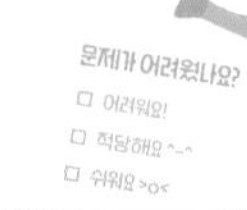

문제가 어려웠나요?
□ 어려워요!
□ 적당해요
□ 쉬워요

문장제 실력쌓기
◆ 걸린 시간을 구하여 비교하기
◆ 달력의 일부분을 보고 날짜(요일) 구하기

정답과 해설 20쪽

문제를 읽고 '연습하기'에서 했던 것처럼 밑줄을 그어 가며 문제를 풀어 보세요.

1 민채는 수학 문제를 2시 30분에 풀기 시작하여 3시 50분에 끝냈고, 진우는 3시 5분에 풀기 시작하여 4시 15분에 끝냈습니다. 수학 문제를 더 오래 푼 사람은 누구인가요?

❶ 민채가 수학 문제를 푼 시간은?
예 2시 30분 →(30분 후) 3시 →(50분 후) 3시 50분
⇨ 80분=1시간 20분
❷ 진우가 수학 문제를 푼 시간은?
예 3시 5분 →(55분 후) 4시 →(15분 후) 4시 15분
⇨ 70분=1시간 10분
❸ 수학 문제를 더 오래 푼 사람은?
예 1시간 20분>1시간 10분이므로 수학 문제를 더 오래 푼 사람은 민채입니다.

답 민채

2 오른쪽은 어느 해의 5월 달력의 일부분입니다. 5월의 넷째 금요일은 며칠인가요?

5월

일	월	화	수	목	금	토
	1	2	3	4	5	6

❶ 5월의 넷째 금요일의 날짜는?
예 금요일이 7일마다 반복되므로 5월의 둘째 금요일은 5+7=12(일),
셋째 금요일은 12+7=19(일),
넷째 금요일은 19+7=26(일)입니다.

답 26일

3 연수는 물놀이를 4시 35분에 시작하여 5시 40분까지 했고, 준기는 5시 10분에 시작하여 6시 20분까지 했습니다. 물놀이를 더 오래 한 사람은 누구인가요?

❶ 연수가 물놀이를 한 시간은?
예 4시 35분 →(25분 후) 5시 →(40분 후) 5시 40분
⇨ 65분=1시간 5분
❷ 준기가 물놀이를 한 시간은?
예 5시 10분 →(50분 후) 6시 →(20분 후) 6시 20분
⇨ 70분=1시간 10분
❸ 물놀이를 더 오래 한 사람은?
예 1시간 5분<1시간 10분이므로 물놀이를 더 오래 한 사람은 준기입니다.

답 준기

4 오른쪽은 어느 해의 12월 달력의 일부분입니다. 12월 27일은 무슨 요일인가요?

12월

일	월	화	수	목	금	토
					1	2
3	4	5	6	7	8	9

❶ 27일과 요일이 같은 날짜를 모두 구하면?
예 같은 요일이 7일마다 반복되므로
27일과 요일이 같은 날짜는
27−7=20(일), 20−7=13(일), 13−7=6(일)입니다.
❷ 12월 27일은 무슨 요일인지 구하면?
예 6일이 수요일이므로 27일은 수요일입니다.

답 수요일

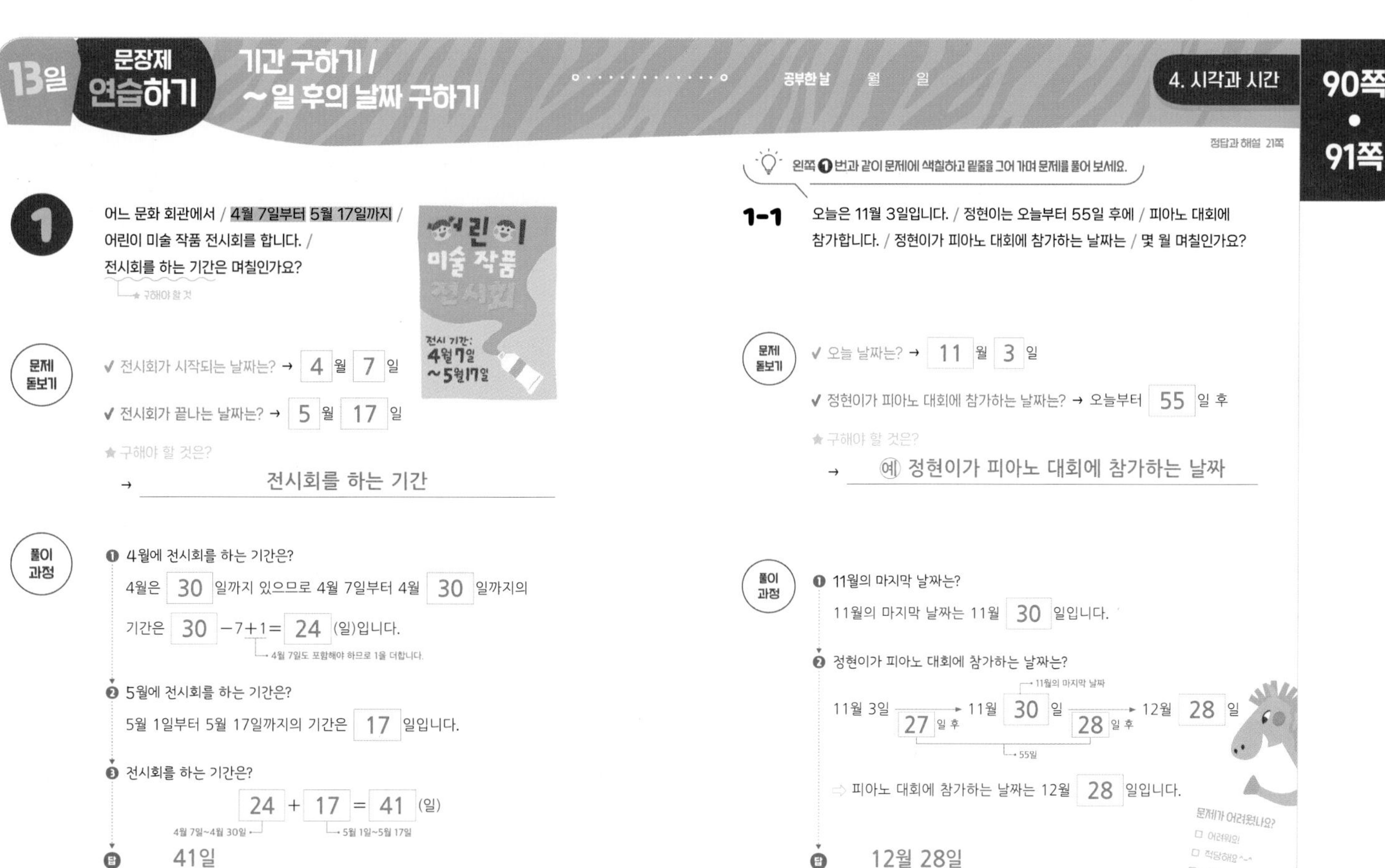
13일 문장제 연습하기

기간 구하기 / ~일 후의 날짜 구하기

공부한 날 월 일

4. 시각과 시간

90쪽 • 91쪽

정답과 해설 21쪽

1 어느 문화 회관에서 / 4월 7일부터 5월 17일까지 / 어린이 미술 작품 전시회를 합니다. / 전시회를 하는 기간은 며칠인가요?

구해야 할 것

문제 돌보기

✔ 전시회가 시작되는 날짜는? → 4 월 7 일

✔ 전시회가 끝나는 날짜는? → 5 월 17 일

★ 구해야 할 것은?

→ 전시회를 하는 기간

풀이 과정

❶ 4월에 전시회를 하는 기간은?

4월은 30 일까지 있으므로 4월 7일부터 4월 30 일까지의 기간은 30 −7+1= 24 (일)입니다.

4월 7일도 포함해야 하므로 1을 더합니다.

❷ 5월에 전시회를 하는 기간은?

5월 1일부터 5월 17일까지의 기간은 17 일입니다.

❸ 전시회를 하는 기간은?

24 + 17 = 41 (일)

4월 7일~4월 30일 / 5월 1일~5월 17일

답 41일

왼쪽 ❶번과 같이 문제에 색칠하고 밑줄을 그어 가며 문제를 풀어 보세요.

1-1 오늘은 11월 3일입니다. / 정현이는 오늘부터 55일 후에 / 피아노 대회에 참가합니다. / 정현이가 피아노 대회에 참가하는 날짜는 / 몇 월 며칠인가요?

문제 돌보기

✔ 오늘 날짜는? → 11 월 3 일

✔ 정현이가 피아노 대회에 참가하는 날짜는? → 오늘부터 55 일 후

★ 구해야 할 것은?

→ 예 정현이가 피아노 대회에 참가하는 날짜

풀이 과정

❶ 11월의 마지막 날짜는?

11월의 마지막 날짜는 11월 30 일입니다.

❷ 정현이가 피아노 대회에 참가하는 날짜는?

11월 3일 → 27 일 후 → 11월 30 일 (11월의 마지막 날짜) → 28 일 후 → 12월 28 일 (55일)

⇨ 피아노 대회에 참가하는 날짜는 12월 28 일입니다.

답 12월 28일

문제가 어려웠나요?
□ 어려워요
□ 적당해요^-^
□ 쉬워요>o<

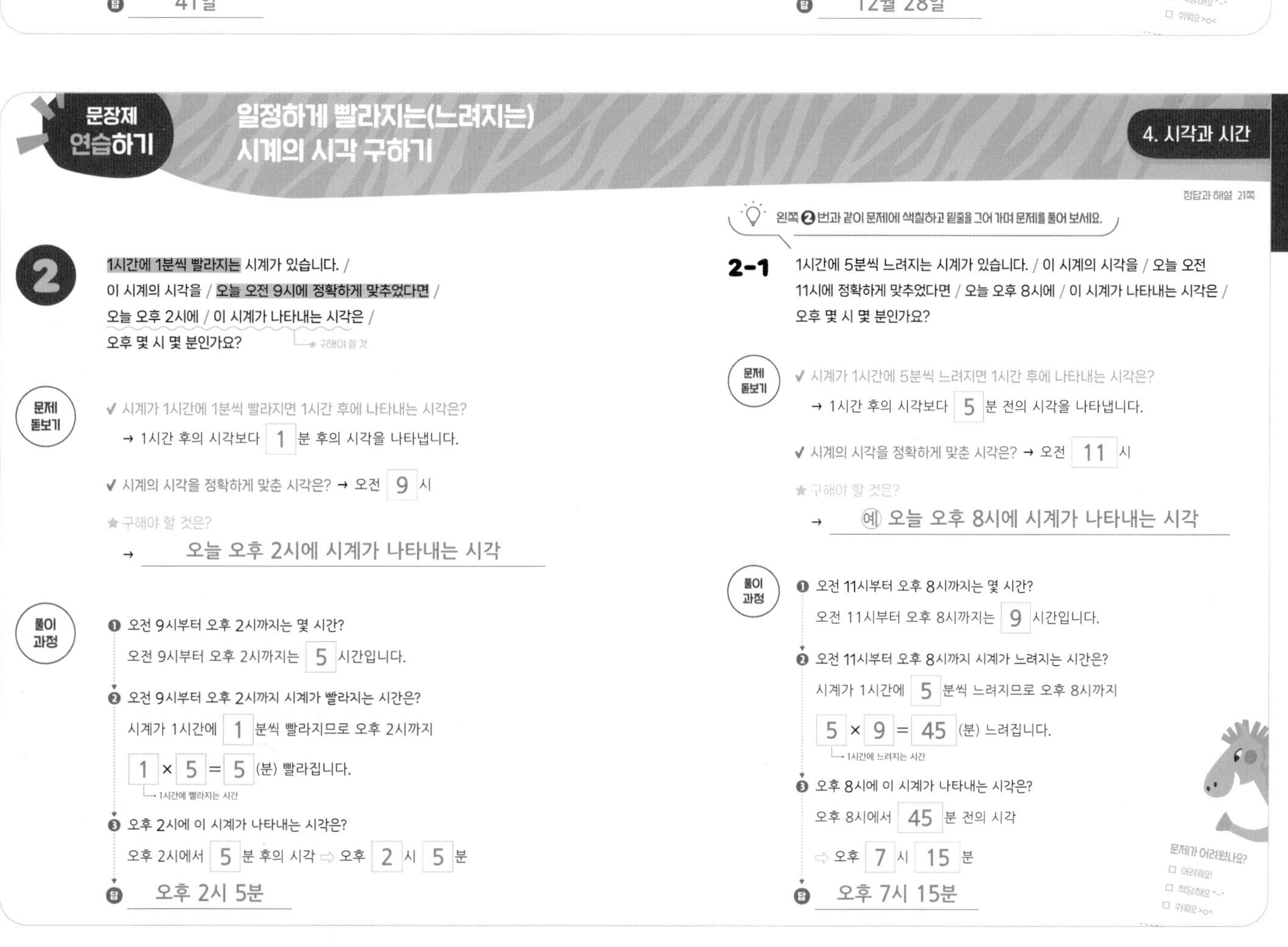
문장제 연습하기

일정하게 빨라지는(느려지는) 시계의 시각 구하기

4. 시각과 시간

92쪽 • 93쪽

정답과 해설 21쪽

2 1시간에 1분씩 빨라지는 시계가 있습니다. / 이 시계의 시각을 / 오늘 오전 9시에 정확하게 맞추었다면 / 오늘 오후 2시에 / 이 시계가 나타내는 시각은 / 오후 몇 시 몇 분인가요?

구해야 할 것

문제 돌보기

✔ 시계가 1시간에 1분씩 빨라지면 1시간 후에 나타내는 시각은?

→ 1시간 후의 시각보다 1 분 후의 시각을 나타냅니다.

✔ 시계의 시각을 정확하게 맞춘 시각은? → 오전 9 시

★ 구해야 할 것은?

→ 오늘 오후 2시에 시계가 나타내는 시각

풀이 과정

❶ 오전 9시부터 오후 2시까지는 몇 시간?

오전 9시부터 오후 2시까지는 5 시간입니다.

❷ 오전 9시부터 오후 2시까지 시계가 빨라지는 시간은?

시계가 1시간에 1 분씩 빨라지므로 오후 2시까지

1 × 5 = 5 (분) 빨라집니다.

1시간에 빨라지는 시간

❸ 오후 2시에 이 시계가 나타내는 시각은?

오후 2시에서 5 분 후의 시각 ⇨ 오후 2 시 5 분

답 오후 2시 5분

왼쪽 ❷번과 같이 문제에 색칠하고 밑줄을 그어 가며 문제를 풀어 보세요.

2-1 1시간에 5분씩 느려지는 시계가 있습니다. / 이 시계의 시각을 / 오늘 오전 11시에 정확하게 맞추었다면 / 오늘 오후 8시에 / 이 시계가 나타내는 시각은 / 오후 몇 시 몇 분인가요?

문제 돌보기

✔ 시계가 1시간에 5분씩 느려지면 1시간 후에 나타내는 시각은?

→ 1시간 후의 시각보다 5 분 전의 시각을 나타냅니다.

✔ 시계의 시각을 정확하게 맞춘 시각은? → 오전 11 시

★ 구해야 할 것은?

→ 예 오늘 오후 8시에 시계가 나타내는 시각

풀이 과정

❶ 오전 11시부터 오후 8시까지는 몇 시간?

오전 11시부터 오후 8시까지는 9 시간입니다.

❷ 오전 11시부터 오후 8시까지 시계가 느려지는 시간은?

시계가 1시간에 5 분씩 느려지므로 오후 8시까지

5 × 9 = 45 (분) 느려집니다.

1시간에 느려지는 시간

❸ 오후 8시에 이 시계가 나타내는 시각은?

오후 8시에서 45 분 전의 시각

⇨ 오후 7 시 15 분

답 오후 7시 15분

문제가 어려웠나요?
□ 어려워요
□ 적당해요^-^
□ 쉬워요>o<

◆ 기간 구하기 / ~일 후의 날짜 구하기
◆ 일정하게 빨라지는(느려지는) 시계의 시각 구하기

문제를 읽고 '연습하기'에서 했던 것처럼 밑줄을 그어 가며 문제를 풀어 보세요.

1 성진이는 7월 21일부터 8월 13일까지 가족 여행을 갑니다.
가족 여행을 하는 기간은 며칠인가요?

❶ 7월의 여행 기간은?
예 7월은 31일까지 있으므로 7월 21일부터 7월 31일까지의 기간은 $31-21+1=11$(일)입니다.

❷ 8월의 여행 기간은?
예 8월 1일부터 8월 13일까지의 기간은 13일입니다.

❸ 가족 여행을 하는 기간은?
예 가족 여행을 하는 기간은 $11+13=24$(일)입니다.

답 24일

2 오늘은 3월 7일입니다. 민정이는 오늘부터 70일 후에 웅변 대회에 참가합니다.
민정이가 웅변 대회에 참가하는 날짜는 몇 월 며칠인가요?

❶ 3월의 마지막 날짜는?
예 3월의 마지막 날짜는 3월 31일입니다.

❷ 민정이가 웅변 대회에 참가하는 날짜는?
예 3월 7일 —(24일 후)→ 3월 31일 —(30일 후)→ 4월 30일 —(16일 후)→ 5월 16일
70일
⇨ 민정이가 웅변 대회에 참가하는 날짜는 5월 16일입니다.

답 5월 16일

3 1시간에 3분씩 빨라지는 시계가 있습니다. 이 시계의 시각을 오늘 오후 3시에 정확하게 맞추었다면 오늘 오후 11시에 이 시계가 나타내는 시각은 오후 몇 시 몇 분인가요?

❶ 오후 3시부터 오후 11시까지는 몇 시간?
예 오후 3시부터 오후 11시까지는 8시간입니다.

❷ 오후 3시부터 오후 11시까지 시계가 빨라지는 시간은?
예 시계가 1시간에 3분씩 빨라지므로 오후 11시까지 $3\times8=24$(분) 빨라집니다.

❸ 오후 11시에 이 시계가 나타내는 시각은?
예 오후 11시에서 24분 후의 시각 ⇨ 오후 11시 24분

답 오후 11시 24분

4 1시간에 1분씩 느려지는 시계가 있습니다. 이 시계의 시각을 오늘 오전 7시에 정확하게 맞추었다면 내일 오후 1시에 이 시계가 나타내는 시각은 오후 몇 시 몇 분인가요?

❶ 오늘 오전 7시부터 내일 오후 1시까지는 몇 시간?
예 하루는 24시간이므로 오늘 오전 7시부터 내일 오후 1시까지는 $24+6=30$(시간)입니다.

❷ 오늘 오전 7시부터 내일 오후 1시까지 시계가 느려지는 시간은?
예 시계가 1시간에 1분씩 느려지므로 내일 오후 1시까지 30분 느려집니다.

❸ 내일 오후 1시에 이 시계가 나타내는 시각은?
예 오후 1시에서 30분 전의 시각 ⇨ 오후 12시 30분

답 오후 12시 30분

1 84쪽 걸린 시간을 구하여 비교하기
은지와 형우가 사과 따기 체험을 시작한 시각과 끝낸 시각입니다.
사과 따기 체험을 더 오래 한 사람은 누구인가요?

	시작한 시각	끝낸 시각
은지	1시 50분	2시 30분
형우	2시 20분	3시 15분

풀이 예 은지가 사과 따기 체험을 한 시간은
1시 50분 —(10분 후)→ 2시 —(30분 후)→ 2시 30분 ⇨ 40분입니다.
형우가 사과 따기 체험을 한 시간은
2시 20분 —(40분 후)→ 3시 —(15분 후)→ 3시 15분 ⇨ 55분입니다.
따라서 40분 < 55분이므로 사과 따기 체험을 더 오래 한 사람은 형우입니다.

답 형우

2 86쪽 달력의 일부분을 보고 날짜(요일) 구하기
오른쪽은 어느 해의 1월 달력의 일부분입니다. 1월의 셋째 목요일은 며칠인가요?

1월

일	월	화	수	목	금	토
1	2	3	4	5	6	7

풀이 예 1월의 첫째 목요일은 5일입니다.
목요일이 7일마다 반복되므로
1월의 둘째 목요일은 $5+7=12$(일),
셋째 목요일은 $12+7=19$(일)입니다.

답 19일

3 86쪽 달력의 일부분을 보고 날짜(요일) 구하기
올해 11월 3일은 금요일입니다. 올해 지민이의 생일은 11월 넷째 금요일입니다. 지민이의 생일은 몇 월 며칠인가요?

풀이 예 11월의 첫째 금요일은 3일입니다.
금요일이 7일마다 반복되므로 11월의 둘째 금요일은 $3+7=10$(일),
셋째 금요일은 $10+7=17$(일), 넷째 금요일은 $17+7=24$(일)입니다.
따라서 지민이의 생일은 11월 24일입니다.

답 11월 24일

4 86쪽 달력의 일부분을 보고 날짜(요일) 구하기
오른쪽은 어느 해의 8월 달력의 일부분입니다. 8월 29일은 무슨 요일인가요?

8월

일	월	화	수	목	금	토
		1	2	3	4	5

풀이 예 같은 요일이 7일마다 반복되므로 29일과 요일이 같은 날짜는
$29-7=22$(일), $22-7=15$(일), $15-7=8$(일),
$8-7=1$(일)입니다.
1일이 화요일이므로 29일은 화요일입니다.

답 화요일

5 84쪽 걸린 시간을 구하여 비교하기
선희는 피아노 연습을 4시에 시작하여 5시 5분에 끝냈고,
윤수는 4시 45분에 시작하여 6시에 끝냈습니다. 피아노 연습을 더 오래 한 사람은 누구인가요?

풀이 예 선희가 피아노 연습을 한 시간은
4시 —(1시간 후)→ 5시 —(5분 후)→ 5시 5분 ⇨ 1시간 5분입니다.
윤수가 피아노 연습을 한 시간은
4시 45분 —(15분 후)→ 5시 —(1시간 후)→ 6시 ⇨ 1시간 15분입니다.
따라서 1시간 5분 < 1시간 15분이므로 피아노 연습을 더 오래 한 사람은 윤수입니다.

답 윤수

90쪽 기간 구하기 / ~일 후의 날짜 구하기

6 어느 박물관에서 6월 8일부터 7월 19일까지 도자기 전시회를 합니다. 전시회를 하는 기간은 며칠인가요?

풀이 예 6월은 30일까지 있으므로 6월 8일부터 6월 30일까지의 기간은 $30-8+1=23$(일)입니다.
7월 1일부터 7월 19일까지의 기간은 19일입니다.
따라서 전시회를 하는 기간은 $23+19=42$(일)입니다.

답 42일

90쪽 기간 구하기 / ~일 후의 날짜 구하기

7 오늘은 9월 10일입니다. 은진이는 오늘부터 60일 후에 태권도 대회에 참가합니다. 은진이가 태권도 대회에 참가하는 날짜는 몇 월 며칠인가요?

풀이 예 9월의 마지막 날짜는 9월 30일입니다.
9월 10일 —(20일 후)→ 9월 30일 —(31일 후)→ 10월 31일 —(9일 후)→ 11월 9일 (60일)

⇨ 은진이가 태권도 대회에 참가하는 날짜는 11월 9일입니다.

답 11월 9일

92쪽 일정하게 빨라지는(느려지는) 시계의 시각 구하기

8 1시간에 5분씩 빨라지는 시계가 있습니다. 이 시계의 시각을 오늘 오전 10시에 정확하게 맞추었다면 오늘 오후 4시에 이 시계가 나타내는 시각은 오후 몇 시 몇 분인가요?

풀이 예 오전 10시부터 오후 4시까지는 6시간입니다.
시계가 1시간에 5분씩 빨라지므로 오후 4시까지 $5\times6=30$(분) 빨라집니다.
따라서 오후 4시에 이 시계가 나타내는 시각은 오후 4시에서 30분 후의 시각인 오후 4시 30분입니다.

답 오후 4시 30분

92쪽 일정하게 빨라지는(느려지는) 시계의 시각 구하기

9 1시간에 4분씩 느려지는 시계가 있습니다. 이 시계의 시각을 오늘 오후 1시에 정확하게 맞추었다면 오늘 오후 10시에 이 시계가 나타내는 시각은 오후 몇 시 몇 분인가요?

풀이 예 오늘 오후 1시부터 오후 10시까지는 9시간입니다.
시계가 1시간에 4분씩 느려지므로 오후 10시까지 $4\times9=36$(분) 느려집니다.
따라서 오늘 오후 10시에 이 시계가 나타내는 시각은 오후 10시에서 36분 전의 시각인 오후 9시 24분입니다.

답 오후 9시 24분

도전 문제 **10**

92쪽 일정하게 빨라지는(느려지는) 시계의 시각 구하기

일정하게 빨라지는 시계가 있습니다.
시원이는 시계가 얼마나 빨라지는지 알아보기 위해 오후 5시에 시계를 정확하게 맞춰 놓고 5시간 후에 시계를 보았더니 오른쪽과 같았습니다.
이 시계는 1시간에 몇 분씩 빨라지나요?

❶ 오후 5시에서 5시간 후의 시각은?
예 오후 5시에서 5시간 후의 시각은 오후 10시입니다.

❷ 5시간 동안 몇 분 빨라졌는지 구하면?
예 시계가 나타내는 시각은 오후 10시 30분이므로 5시간 동안 30분 빨라졌습니다.

❸ 이 시계는 1시간에 몇 분씩 빨라지는지 구하면?
예 $6\times5=30$이므로 이 시계는 1시간에 6분씩 빨라집니다.

답 6분

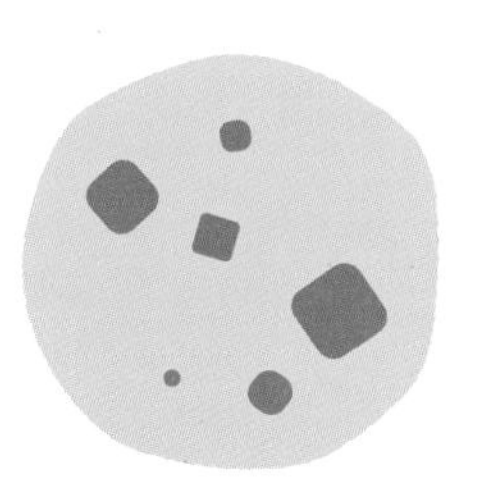

5. 표와 그래프

102쪽 • 103쪽

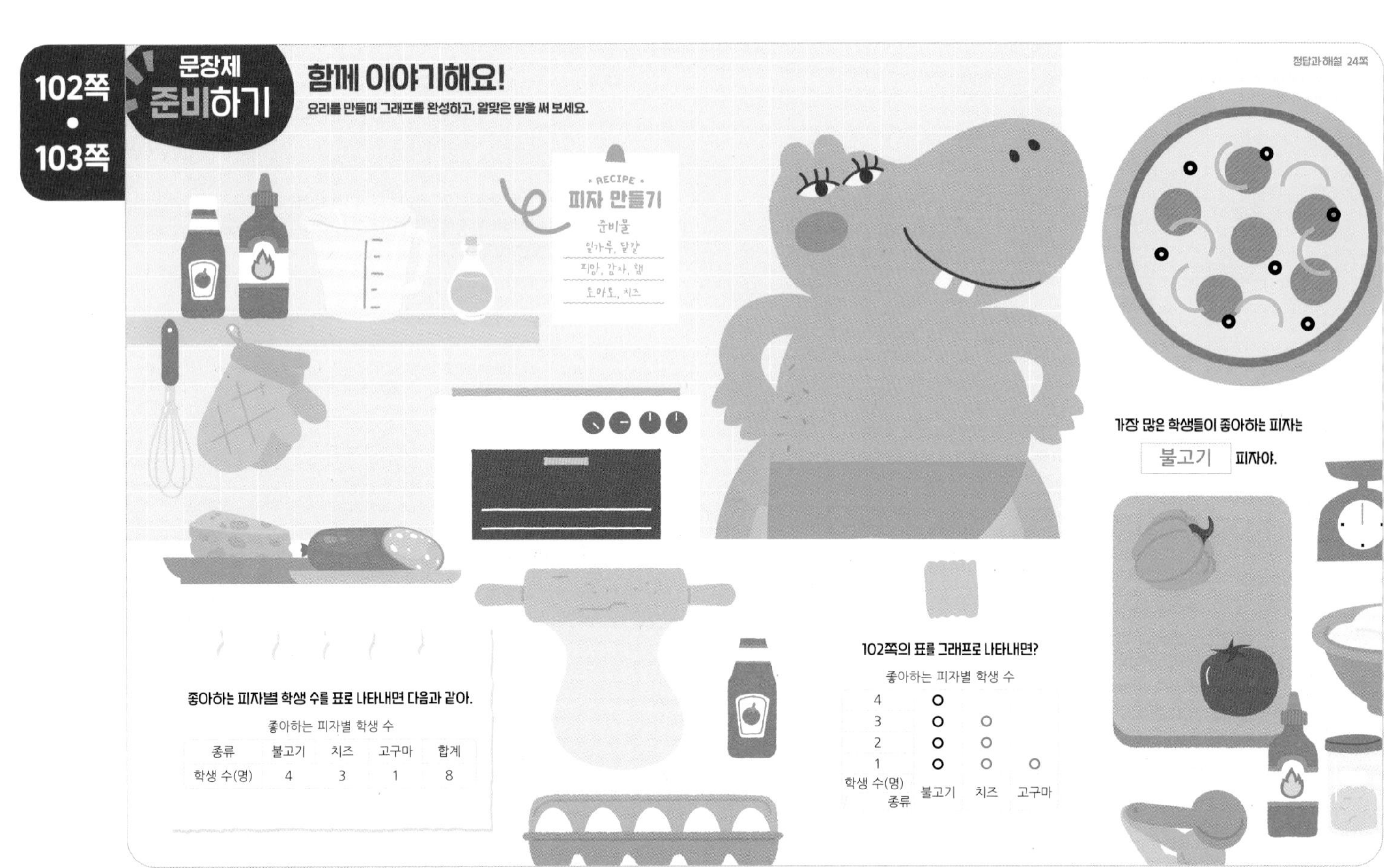

문장제 준비하기
함께 이야기해요!
요리를 만들며 그래프를 완성하고, 알맞은 말을 써 보세요.
정답과 해설 24쪽
RECIPE
피자 만들기
가장 많은 학생들이 좋아하는 피자는
불고기 피자야.
좋아하는 피자별 학생 수를 표로 나타내면 다음과 같아.
좋아하는 피자별 학생 수
종류 불고기 치즈 고구마 합계
학생 수(명) 4 3 1 8
102쪽의 표를 그래프로 나타내면?
좋아하는 피자별 학생 수
4 3 2 1
학생 수(명) / 종류
불고기 치즈 고구마

104쪽 • 105쪽

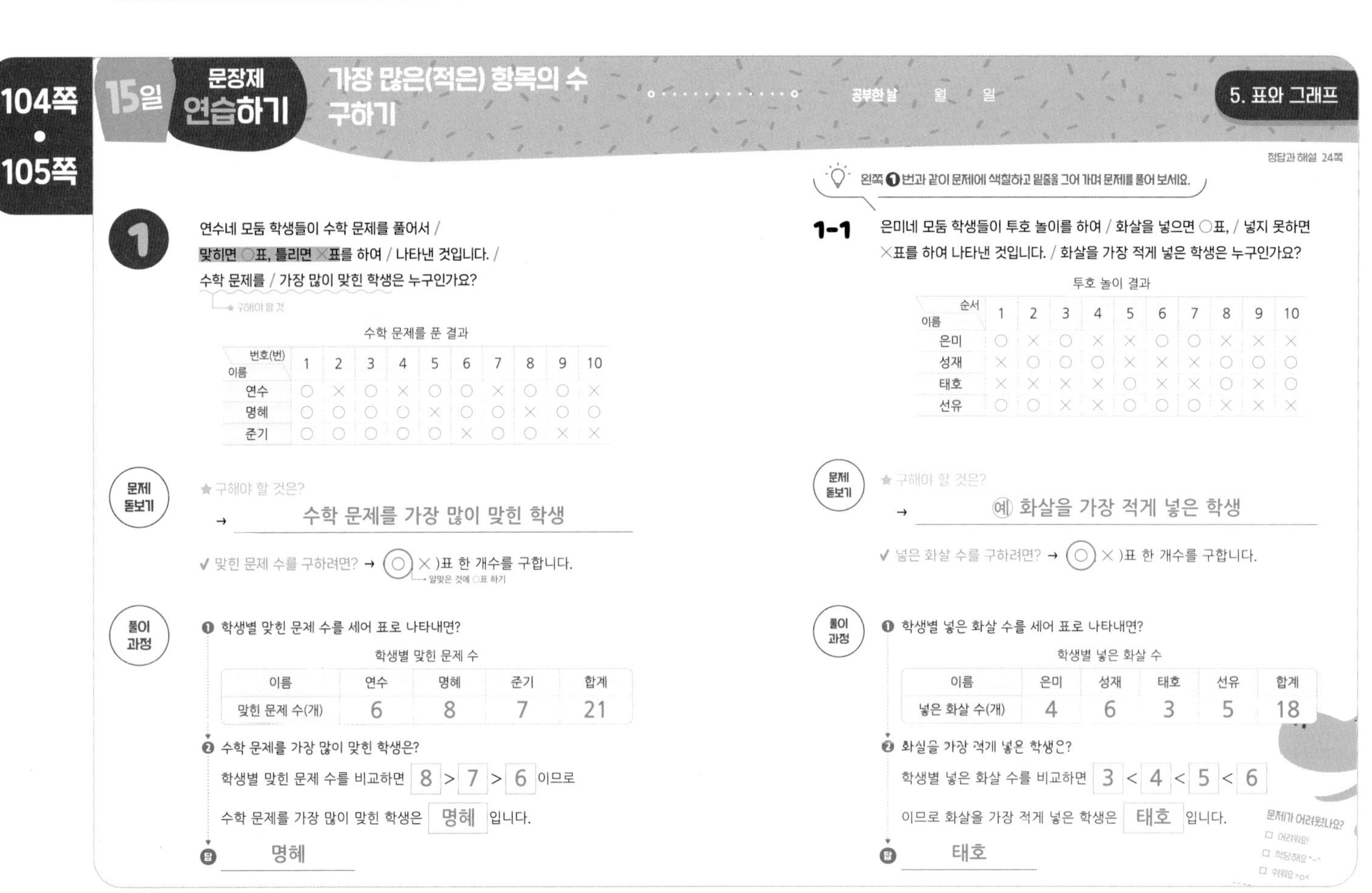

15일 문장제 연습하기
가장 많은(적은) 항목의 수 구하기
공부한 날 월 일
5. 표와 그래프
정답과 해설 24쪽
1
연수네 모둠 학생들이 수학 문제를 풀어서 / 맞히면 ○표, 틀리면 ×표를 하여 / 나타낸 것입니다. / 수학 문제를 / 가장 많이 맞힌 학생은 누구인가요?
구해야 할 것
수학 문제를 푼 결과
번호(번) 1 2 3 4 5 6 7 8 9 10
이름
연수 ○ × ○ × ○ ○ × ○ ○ ×
명혜 ○ ○ ○ ○ × ○ ○ × ○ ○
준기 ○ ○ ○ ○ ○ × ○ ○ × ×
문제 돋보기
★ 구해야 할 것은?
→ 수학 문제를 가장 많이 맞힌 학생
✔ 맞힌 문제 수를 구하려면? → (○ , ×)표 한 개수를 구합니다.
알맞은 것에 ○표 하기
풀이 과정
❶ 학생별 맞힌 문제 수를 세어 표로 나타내면?
학생별 맞힌 문제 수
이름 연수 명혜 준기 합계
맞힌 문제 수(개) 6 8 7 21
❷ 수학 문제를 가장 많이 맞힌 학생은?
학생별 맞힌 문제 수를 비교하면 8 > 7 > 6 이므로
수학 문제를 가장 많이 맞힌 학생은 명혜 입니다.
답 명혜
왼쪽 ❶번과 같이 문제에 색칠하고 밑줄을 그어 가며 문제를 풀어 보세요.
1-1
은미네 모둠 학생들이 투호 놀이를 하여 / 화살을 넣으면 ○표, / 넣지 못하면 ×표를 하여 나타낸 것입니다. / 화살을 가장 적게 넣은 학생은 누구인가요?
투호 놀이 결과
순서 1 2 3 4 5 6 7 8 9 10
이름
은미 ○ × ○ × × ○ ○ ○ × ×
성재 × ○ ○ ○ × × × ○ ○ ○
태호 × × × × ○ × × ○ × ○
선유 ○ ○ × × ○ ○ ○ × × ×
문제 돋보기
★ 구해야 할 것은?
→ 예 화살을 가장 적게 넣은 학생
✔ 넣은 화살 수를 구하려면? → (○ , ×)표 한 개수를 구합니다.
풀이 과정
❶ 학생별 넣은 화살 수를 세어 표로 나타내면?
학생별 넣은 화살 수
이름 은미 성재 태호 선유 합계
넣은 화살 수(개) 4 6 3 5 18
❷ 화살을 가장 적게 넣은 학생은?
학생별 넣은 화살 수를 비교하면 3 < 4 < 5 < 6
이므로 화살을 가장 적게 넣은 학생은 태호 입니다.
답 태호
문제가 어려웠나요?
□ 어려워요!
□ 적당해요~
□ 쉬워요~

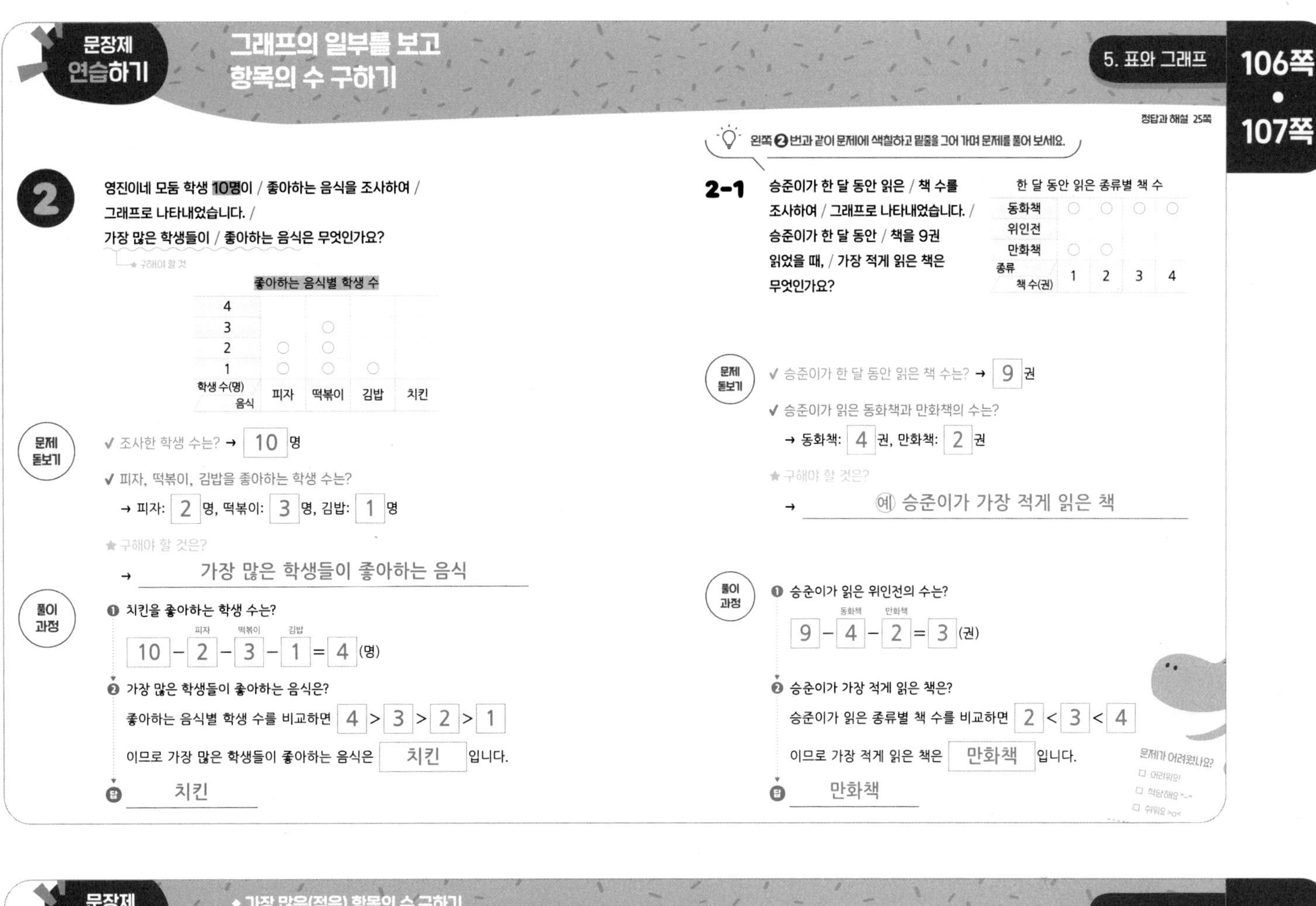

문장제 연습하기

그래프의 일부를 보고 항목의 수 구하기

5. 표와 그래프 106쪽 • 107쪽

정답과 해설 25쪽

2 영진이네 모둠 학생 10명이 / 좋아하는 음식을 조사하여 / 그래프로 나타내었습니다. / 가장 많은 학생들이 / 좋아하는 음식은 무엇인가요?

★ 구해야 할 것

좋아하는 음식별 학생 수

학생 수(명) / 음식	피자	떡볶이	김밥	치킨
4				
3		○		
2	○	○		
1	○	○	○	

문제 돋보기

✓ 조사한 학생 수는? → 10 명

✓ 피자, 떡볶이, 김밥을 좋아하는 학생 수는?

→ 피자: 2 명, 떡볶이: 3 명, 김밥: 1 명

★ 구해야 할 것은?

→ 가장 많은 학생들이 좋아하는 음식

풀이 과정

❶ 치킨을 좋아하는 학생 수는?

10 − 2(피자) − 3(떡볶이) − 1(김밥) = 4 (명)

❷ 가장 많은 학생들이 좋아하는 음식은?

좋아하는 음식별 학생 수를 비교하면 4 > 3 > 2 > 1 이므로 가장 많은 학생들이 좋아하는 음식은 치킨 입니다.

답 치킨

왼쪽 ❷번과 같이 문제에 색칠하고 밑줄을 그어 가며 문제를 풀어 보세요.

2-1 승준이가 한 달 동안 읽은 / 책 수를 조사하여 / 그래프로 나타내었습니다. / 승준이가 한 달 동안 / 책을 9권 읽었을 때, / 가장 적게 읽은 책은 무엇인가요?

한 달 동안 읽은 종류별 책 수

종류 / 책 수(권)	1	2	3	4
동화책	○	○	○	○
위인전				
만화책	○	○		

문제 돋보기

✓ 승준이가 한 달 동안 읽은 책 수는? → 9 권

✓ 승준이가 읽은 동화책과 만화책의 수는?

→ 동화책: 4 권, 만화책: 2 권

★ 구해야 할 것은?

→ 예 승준이가 가장 적게 읽은 책

풀이 과정

❶ 승준이가 읽은 위인전의 수는?

9 − 4(동화책) − 2(만화책) = 3 (권)

❷ 승준이가 가장 적게 읽은 책은?

승준이가 읽은 종류별 책 수를 비교하면 2 < 3 < 4 이므로 가장 적게 읽은 책은 만화책 입니다.

답 만화책

문제가 어려웠나요? □ 어려워요 □ 적당해요 □ 쉬워요

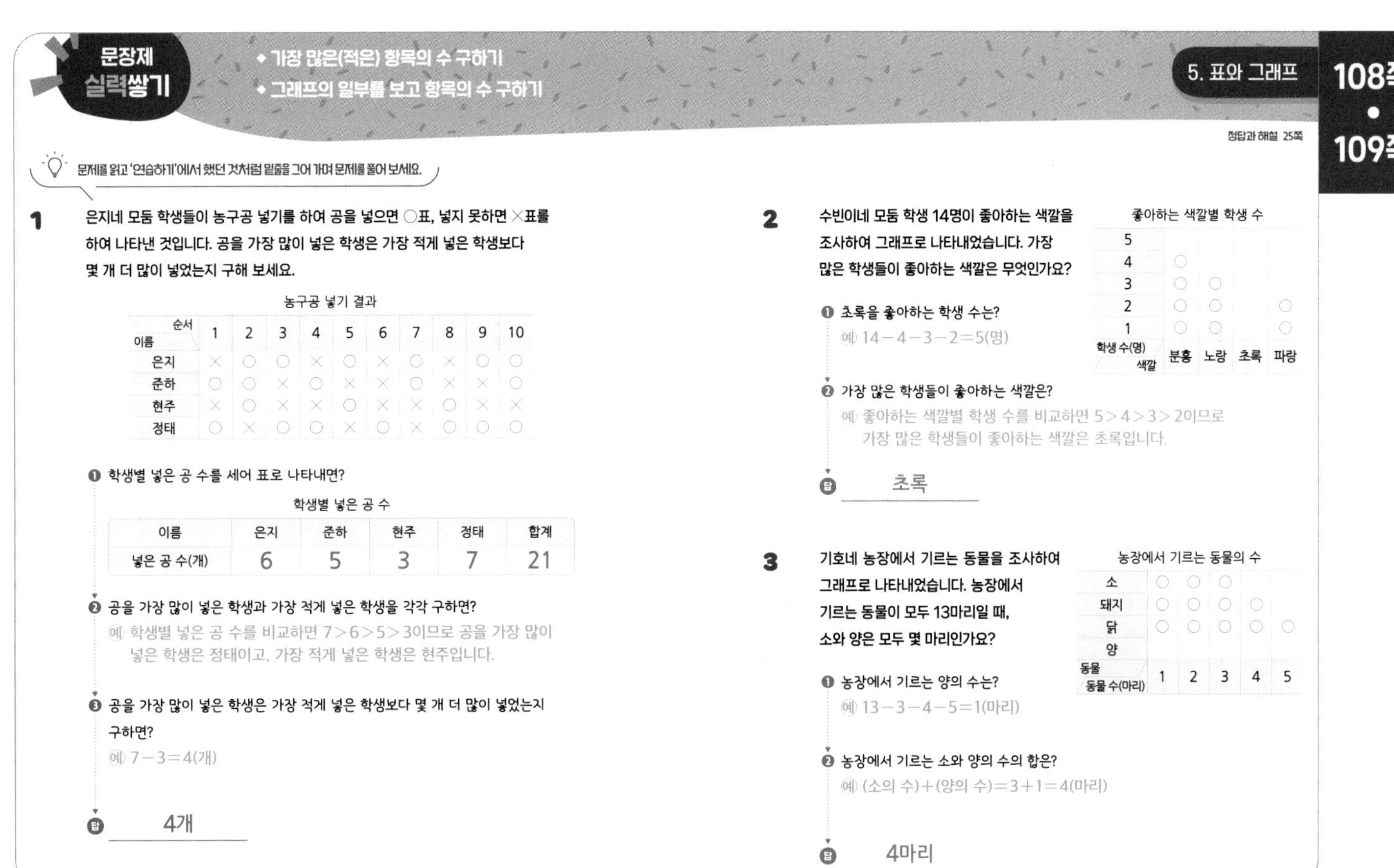

문장제 실력쌓기

◆ 가장 많은(적은) 항목의 수 구하기
◆ 그래프의 일부를 보고 항목의 수 구하기

5. 표와 그래프 108쪽 • 109쪽

정답과 해설 25쪽

문제를 읽고 '연습하기'에서 했던 것처럼 밑줄을 그어 가며 문제를 풀어 보세요.

1 은지네 모둠 학생들이 농구공 넣기를 하여 공을 넣으면 ○표, 넣지 못하면 ×표를 하여 나타낸 것입니다. 공을 가장 많이 넣은 학생은 가장 적게 넣은 학생보다 몇 개 더 많이 넣었는지 구해 보세요.

농구공 넣기 결과

이름 / 순서	1	2	3	4	5	6	7	8	9	10
은지	×	○	○	×	○	×	○	×	○	○
준하	○	○	×	○	×	×	○	×	×	○
현주	×	○	×	×	○	×	×	○	×	×
정태	○	×	○	○	×	○	×	○	○	○

❶ 학생별 넣은 공 수를 세어 표로 나타내면?

학생별 넣은 공 수

이름	은지	준하	현주	정태	합계
넣은 공 수(개)	6	5	3	7	21

❷ 공을 가장 많이 넣은 학생과 가장 적게 넣은 학생을 각각 구하면?

예 학생별 넣은 공 수를 비교하면 7 > 6 > 5 > 3이므로 공을 가장 많이 넣은 학생은 정태이고, 가장 적게 넣은 학생은 현주입니다.

❸ 공을 가장 많이 넣은 학생은 가장 적게 넣은 학생보다 몇 개 더 많이 넣었는지 구하면?

예 7 − 3 = 4(개)

답 4개

2 수빈이네 모둠 학생 14명이 좋아하는 색깔을 조사하여 그래프로 나타내었습니다. 가장 많은 학생들이 좋아하는 색깔은 무엇인가요?

좋아하는 색깔별 학생 수

학생 수(명) / 색깔	분홍	노랑	초록	파랑
5				
4	○			
3	○	○		
2	○	○		○
1	○	○		○

❶ 초록을 좋아하는 학생 수는?

예 14 − 4 − 3 − 2 = 5(명)

❷ 가장 많은 학생들이 좋아하는 색깔은?

예 좋아하는 색깔별 학생 수를 비교하면 5 > 4 > 3 > 2이므로 가장 많은 학생들이 좋아하는 색깔은 초록입니다.

답 초록

3 기호네 농장에서 기르는 동물을 조사하여 그래프로 나타내었습니다. 농장에서 기르는 동물이 모두 13마리일 때, 소와 양은 모두 몇 마리인가요?

농장에서 기르는 동물의 수

동물 / 동물 수(마리)	1	2	3	4	5
소	○	○	○		
돼지	○	○	○	○	
닭	○	○	○	○	○
양					

❶ 농장에서 기르는 양의 수는?

예 13 − 3 − 4 − 5 = 1(마리)

❷ 농장에서 기르는 소와 양의 수의 합은?

예 (소의 수) + (양의 수) = 3 + 1 = 4(마리)

답 4마리

16일 문장제 연습하기 조건에 맞게 표 완성하기

정답과 해설 26쪽

1 상미네 반 학생들이 배우는 악기를 조사하여 / 표로 나타내었습니다. / 피아노를 배우는 학생은 / 드럼을 배우는 학생보다 2명 더 많습니다. / 가장 많은 학생들이 배우는 악기는 무엇인가요?

★ 구해야 할 것

배우는 악기별 학생 수

악기	피아노	바이올린	플루트	드럼	합계
학생 수(명)		7	6		21

문제 돋보기

✔ 피아노를 배우는 학생 수는? → (드럼을 배우는 학생 수)+ 2

★ 구해야 할 것은?

→ 가장 많은 학생들이 배우는 악기

풀이 과정

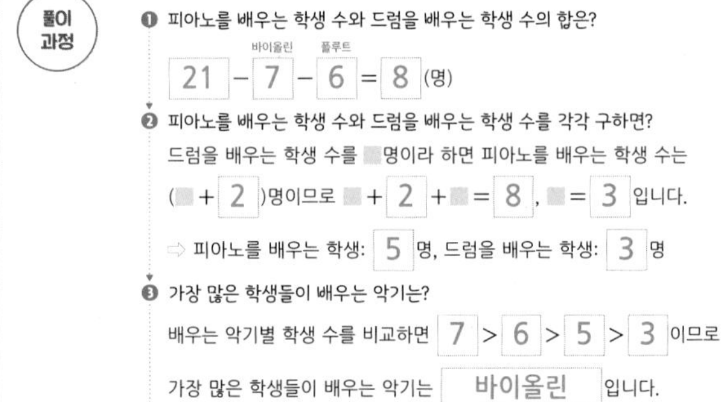

❶ 피아노를 배우는 학생 수와 드럼을 배우는 학생 수의 합은?

21 − 7(바이올린) − 6(플루트) = 8 (명)

❷ 피아노를 배우는 학생 수와 드럼을 배우는 학생 수를 각각 구하면?

드럼을 배우는 학생 수를 ▒명이라 하면 피아노를 배우는 학생 수는 (▒ + 2)명이므로 ▒ + 2 + ▒ = 8 , ▒ = 3 입니다.

⇨ 피아노를 배우는 학생: 5 명, 드럼을 배우는 학생: 3 명

❸ 가장 많은 학생들이 배우는 악기는?

배우는 악기별 학생 수를 비교하면 7 > 6 > 5 > 3 이므로

가장 많은 학생들이 배우는 악기는 바이올린 입니다.

답 바이올린

왼쪽 ❶번과 같이 문제에 색칠하고 밑줄을 그어 가며 문제를 풀어 보세요.

1-1 유림이네 반 학생들이 좋아하는 계절을 조사하여 / 표로 나타내었습니다. / 여름을 좋아하는 학생은 / 겨울을 좋아하는 학생보다 3명 더 많습니다. / 가장 적은 학생들이 좋아하는 계절은 무엇인가요?

좋아하는 계절별 학생 수

계절	봄	여름	가을	겨울	합계
학생 수(명)	5		9		23

문제 돋보기

✔ 여름을 좋아하는 학생 수는? → (겨울을 좋아하는 학생 수)+ 3

★ 구해야 할 것은?

→ 예 가장 적은 학생들이 좋아하는 계절

풀이 과정

❶ 여름을 좋아하는 학생 수와 겨울을 좋아하는 학생 수의 합은?

23 − 5(봄) − 9(가을) = 9 (명)

❷ 여름을 좋아하는 학생 수와 겨울을 좋아하는 학생 수를 각각 구하면?

겨울을 좋아하는 학생 수를 ▒명이라 하면 여름을 좋아하는 학생 수는 (▒ + 3)명이므로 ▒ + 3 + ▒ = 9 , ▒ = 3 입니다.

⇨ 여름을 좋아하는 학생: 6 명, 겨울을 좋아하는 학생: 3 명

❸ 가장 적은 학생들이 좋아하는 계절은?

좋아하는 계절별 학생 수를 비교하면 3 < 5 < 6 < 9 이므로 가장 적은 학생들이 좋아하는 계절은 겨울 입니다.

답 겨울

문제가 어려웠나요? □ 어려워요 □ 적당해요 □ 쉬워요

문장제 연습하기 두 그래프를 보고 항목의 수 구하기

정답과 해설 26쪽

2 다은이네 모둠과 지환이네 모둠 학생들이 / 좋아하는 꽃을 조사하여 / 그래프로 나타내었습니다. / 지환이네 모둠이 다은이네 모둠보다 / 학생 수가 1명 더 많다면 / 다은이네 모둠에서 / 장미를 좋아하는 학생은 몇 명인가요?

★ 구해야 할 것

다은이네 모둠

4			○	
3			○	○
2			○	○
1		○	○	○
학생 수(명) / 꽃	장미	국화	튤립	백합

지환이네 모둠

4		○		
3	○	○	○	
2	○	○	○	
1	○	○	○	○
학생 수(명) / 꽃	장미	국화	튤립	백합

문제 돋보기

✔ 지환이네 모둠 학생 수는? → 다은이네 모둠보다 1 명 더 많습니다.

★ 구해야 할 것은?

→ 다은이네 모둠에서 장미를 좋아하는 학생 수

풀이 과정

❶ 지환이네 모둠 학생 수는?

3 + 4 + 3 + 1 = 11 (명)

❷ 다은이네 모둠 학생 수는? → 지환이네 모둠보다 1명 더 적습니다.

11 − 1 = 10 (명)

❸ 다은이네 모둠에서 장미를 좋아하는 학생 수는?

10 − 1 − 4 − 3 = 2 (명)

답 2명

왼쪽 ❷번과 같이 문제에 색칠하고 밑줄을 그어 가며 문제를 풀어 보세요.

2-1 세빈이네 모둠과 지은이네 모둠 학생들이 / 접은 종이배 수를 조사하여 / 그래프로 나타내었습니다. / 세빈이네 모둠이 지은이네 모둠보다 / 종이배를 2개 더 적게 접었다면 / 찬영이가 접은 종이배는 몇 개인가요?

세빈이네 모둠

5				
4				○
3		○	○	○
2	○	○	○	○
1	○	○	○	○
종이배 수(개) / 이름	세빈	명석	회영	재혁

지은이네 모둠

5	○			
4	○		○	
3	○		○	
2	○	○	○	
1	○	○	○	
종이배 수(개) / 이름	지은	현우	은재	찬영

문제 돋보기

✔ 세빈이네 모둠이 접은 종이배 수는?

→ 지은이네 모둠보다 2 개 더 적습니다.

★ 구해야 할 것은?

→ 예 찬영이가 접은 종이배 수

풀이 과정

❶ 세빈이네 모둠 학생들이 접은 종이배 수는?

2 + 3 + 3 + 4 = 12 (개)

❷ 지은이네 모둠 학생들이 접은 종이배 수는?

12 + 2 = 14 (개)

❸ 찬영이가 접은 종이배 수는?

14 − 5 − 2 − 4 = 3 (개)

답 3개

문제가 어려웠나요? □ 어려워요 □ 적당해요 □ 쉬워요

정답과 해설 27쪽

문제를 읽고 '연습하기'에서 했던 것처럼 밑줄을 그어 가며 문제를 풀어 보세요.

1 경수네 모둠 학생들이 가지고 있는 연필을 조사하여 표로 나타내었습니다. 혜미는 보라보다 연필을 5자루 더 많이 가지고 있습니다. 연필을 가장 많이 가지고 있는 학생은 누구인가요?

학생별 가지고 있는 연필 수

이름	경수	혜미	보라	창희	합계
연필 수(자루)	7			9	31

❶ 혜미와 보라가 가지고 있는 연필 수의 합은?
예 $31-7-9=15$(자루)

❷ 혜미가 가지고 있는 연필 수와 보라가 가지고 있는 연필 수를 각각 구하면?
예 보라가 가지고 있는 연필 수를 □자루라 하면 혜미가 가지고 있는 연필 수는 (□+5)자루입니다.
□+5+□=15, □+□=10, □=5
따라서 혜미가 가지고 있는 연필은 10자루, 보라가 가지고 있는 연필은 5자루입니다.

❸ 연필을 가장 많이 가지고 있는 학생은?
예 학생별 가지고 있는 연필 수를 비교하면 $10>9>7>5$이므로 연필을 가장 많이 가지고 있는 학생은 혜미입니다.

답 혜미

2 재석이네 모둠과 세경이네 모둠 학생들의 취미를 조사하여 그래프로 나타내었습니다. 재석이네 모둠이 세경이네 모둠보다 학생 수가 1명 더 적다면 세경이네 모둠에서 독서가 취미인 학생은 몇 명인가요?

재석이네 모둠

5		○		
4	○	○		
3	○	○		
2	○	○	○	○
1	○	○	○	○
학생 수(명) / 취미	게임	운동	독서	여행

세경이네 모둠

5	○			
4	○			
3	○			○
2	○	○		○
1	○	○		○
학생 수(명) / 취미	게임	운동	독서	여행

❶ 재석이네 모둠 학생 수는?
예 $4+5+2+2=13$(명)

❷ 세경이네 모둠 학생 수는?
예 재석이네 모둠이 세경이네 모둠보다 학생 수가 1명 더 적으므로 세경이네 모둠 학생 수는 $13+1=14$(명)입니다.

❸ 세경이네 모둠에서 독서가 취미인 학생 수는?
예 $14-5-2-3=4$(명)

답 4명

정답과 해설 27쪽

104쪽 가장 많은(적은) 항목의 수 구하기

1 다희네 모둠 학생들이 장애물 넘기를 하여 장애물을 넘으면 ○표, 넘지 못하면 ×표를 하여 나타낸 것입니다. 장애물을 가장 많이 넘은 학생은 누구인가요?

장애물 넘기 결과

이름 / 순서	1	2	3	4	5	6	7	8	9	10
다희	○	○	×	×	○	×	○	×	○	○
현호	×	○	○	×	○	○	×	○	○	○
남주	○	×	○	×	○	○	×	○	×	×

풀이 예 학생별 넘은 장애물 수를 세어 표로 나타내면 다음과 같습니다.

학생별 넘은 장애물 수

이름	다희	현호	남주	합계
넘은 장애물 수(개)	6	7	5	18

⇨ 학생별 넘은 장애물 수를 비교하면 $7>6>5$이므로 장애물을 가장 많이 넘은 학생은 현호입니다.

답 현호

106쪽 그래프의 일부를 보고 항목의 수 구하기

2 수정이네 모둠 학생 15명이 좋아하는 과일을 조사하여 그래프로 나타내었습니다. 가장 많은 학생들이 좋아하는 과일은 무엇인가요?

좋아하는 과일별 학생 수

5				
4				○
3	○	○		○
2	○	○		○
1	○	○		○
학생 수(명) / 과일	사과	포도	딸기	수박

풀이 예 딸기를 좋아하는 학생 수는 $15-3-3-4=5$(명)입니다.
따라서 좋아하는 과일별 학생 수를 비교하면 $5>4>3$이므로 가장 많은 학생들이 좋아하는 과일은 딸기입니다.

답 딸기

104쪽 가장 많은(적은) 항목의 수 구하기

3 진우네 모둠 학생들이 국어 문제를 풀어서 맞히면 ○표, 틀리면 ×표를 하여 나타낸 것입니다. 국어 문제를 가장 많이 맞힌 학생은 가장 적게 맞힌 학생보다 몇 개 더 많이 맞혔나요?

국어 문제를 푼 결과

이름 / 번호(번)	1	2	3	4	5	6	7	8	9	10
진우	×	○	○	○	×	○	○	○	○	×
영주	○	○	×	×	○	×	○	○	×	○
은혜	○	×	○	○	○	○	×	○	○	○

풀이 예 학생별 맞힌 문제 수를 세어 표로 나타내면 다음과 같습니다.

학생별 맞힌 문제 수

이름	진우	영주	은혜	합계
맞힌 문제 수(개)	7	6	8	21

⇨ 학생별 맞힌 문제 수를 비교하면 $8>7>6$이므로 국어 문제를 가장 많이 맞힌 학생은 은혜이고, 가장 적게 맞힌 학생은 영주입니다.
따라서 은혜가 영주보다 $8-6=2$(개) 더 많이 맞혔습니다.

답 2개

106쪽 그래프의 일부를 보고 항목의 수 구하기

4 성은이네 모둠 학생 17명의 장래 희망을 조사하여 그래프로 나타내었습니다. 장래 희망이 의사인 학생과 연예인인 학생은 모두 몇 명인가요?

장래 희망별 학생 수

선생님	○	○	○	○	
경찰관	○	○	○		
의사	○	○	○	○	○
연예인					
장래 희망 / 학생 수(명)	1	2	3	4	5

풀이 예 장래 희망이 연예인인 학생 수는 $17-4-3-5=5$(명)입니다.
따라서 장래 희망이 의사인 학생과 연예인인 학생은 모두 $5+5=10$(명)입니다.

답 10명

110쪽 조건에 맞게 표 완성하기

5 윤진이네 반 학생들이 좋아하는 민속놀이를 조사하여 표로 나타내었습니다. 딱지치기를 좋아하는 학생은 연날리기를 좋아하는 학생보다 2명 더 많습니다. 가장 적은 학생들이 좋아하는 민속놀이는 무엇인가요?

좋아하는 민속놀이별 학생 수

민속놀이	윷놀이	딱지치기	제기차기	연날리기	합계
학생 수(명)	8		6		22

풀이 예 딱지치기를 좋아하는 학생 수와 연날리기를 좋아하는 학생 수의 합은 $22-8-6=8$(명)입니다.
연날리기를 좋아하는 학생 수를 □명이라 하면 딱지치기를 좋아하는 학생 수는 (□$+2$)명입니다.
□$+2+$□$=8$, □$+$□$=6$, □$=3$
⇨ 딱지치기를 좋아하는 학생은 5명,
연날리기를 좋아하는 학생은 3명입니다.
따라서 좋아하는 민속놀이별 학생 수를 비교하면 $3<5<6<8$이므로 가장 적은 학생들이 좋아하는 민속놀이는 연날리기입니다.

답 연날리기

110쪽 조건에 맞게 표 완성하기

6 시원이네 반 학생들이 필요한 학용품을 조사하여 표로 나타내었습니다. 필요한 자의 수는 가위의 수보다 5개 더 적습니다. 가장 많이 필요한 학용품은 무엇인가요?

필요한 학용품 수

학용품	자	가위	풀	지우개	합계
학용품 수(개)			7	3	25

풀이 예 필요한 자의 수와 가위의 수의 합은 $25-7-3=15$(개)입니다.
필요한 가위의 수를 □개라 하면 자의 수는 (□-5)개입니다.
□$-5+$□$=15$, □$+$□$=20$, □$=10$
⇨ 필요한 자의 수는 5개, 가위의 수는 10개입니다.
따라서 필요한 학용품 수를 비교하면 $10>7>5>3$이므로 가장 많이 필요한 학용품은 가위입니다.

답 가위

112쪽 두 그래프를 보고 항목의 수 구하기

도전문제 7 우영이네 모둠과 경진이네 모둠 학생들이 좋아하는 동물을 조사하여 그래프로 나타내었습니다. 토끼를 좋아하는 학생은 경진이네 모둠이 우영이네 모둠보다 2명 더 많습니다. 두 모둠의 학생 수의 합이 27명일 때, 우영이네 모둠 학생은 모두 몇 명인가요?

우영이네 모둠

5		○		
4		○		○
3	○	○		○
2	○	○		○
1	○	○		○
학생 수(명) / 동물	강아지	고양이	토끼	앵무새

경진이네 모둠

5	○			
4	○			
3	○			○
2	○			○
1	○	○		○
학생 수(명) / 동물	강아지	고양이	토끼	앵무새

❶ 두 모둠에서 토끼를 좋아하는 학생 수의 합은?
예 두 모둠의 학생 수의 합이 27명이므로
$27-3-5-4-5-1-3=6$(명)입니다.

❷ 우영이네 모둠에서 토끼를 좋아하는 학생 수는?
예 우영이네 모둠에서 토끼를 좋아하는 학생 수를 □명이라 하면
경진이네 모둠에서 토끼를 좋아하는 학생 수는 (□$+2$)명입니다.
□$+$□$+2=6$, □$+$□$=4$, □$=2$
따라서 우영이네 모둠에서 토끼를 좋아하는 학생은 2명입니다.

❸ 우영이네 모둠 학생 수는?
예 $3+5+2+4=14$(명)

답 14명

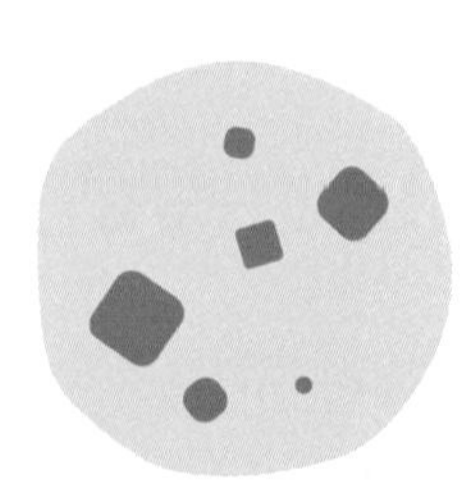

6. 규칙 찾기

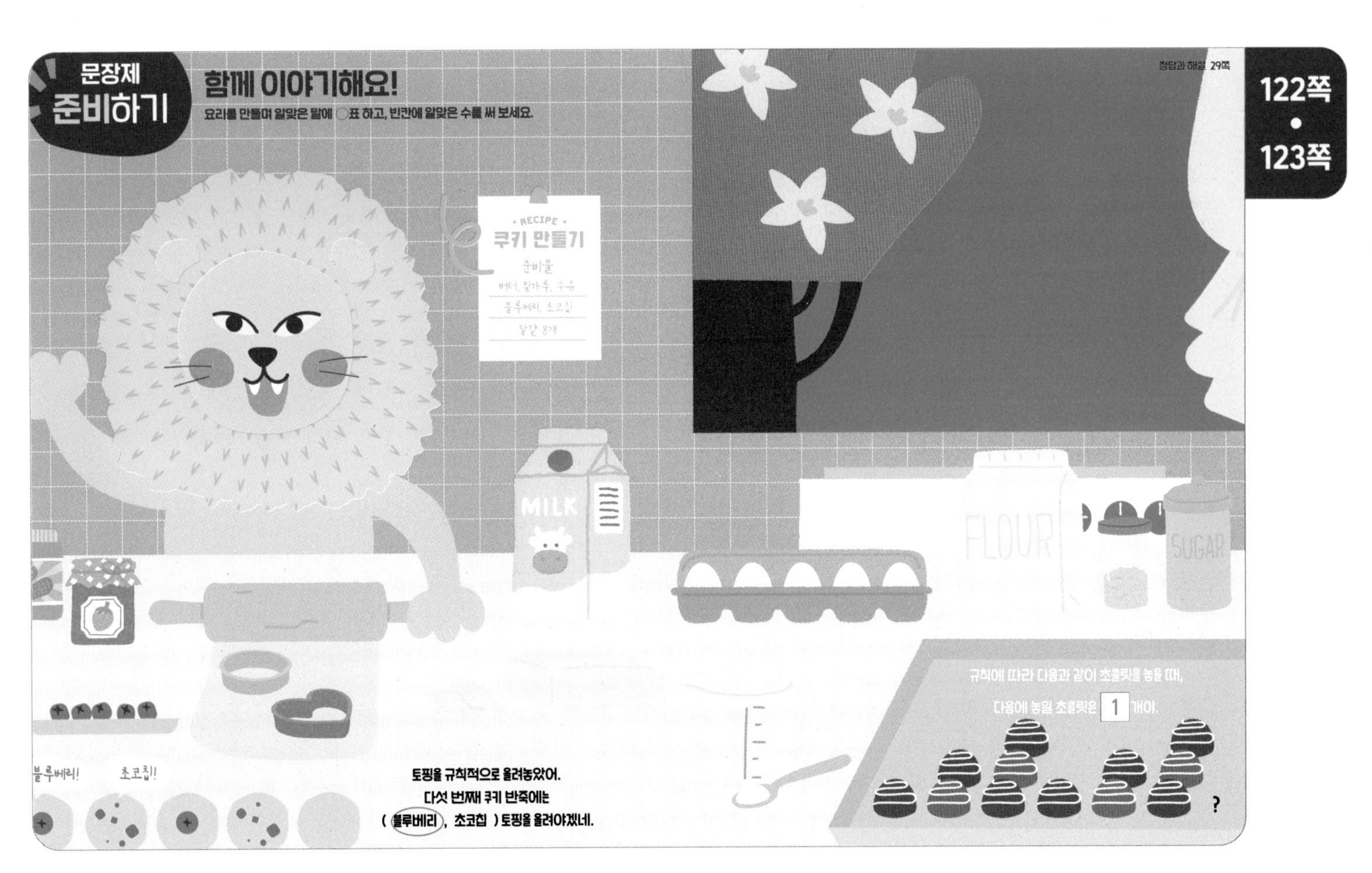

문장제 준비하기
함께 이야기해요!
요리를 만들며 알맞은 말에 ○표 하고, 빈칸에 알맞은 수를 써 보세요.
정답과 해설 29쪽
122쪽 • 123쪽
RECIPE
쿠키 만들기
MILK
FLOUR
SUGAR
블루베리! 초코칩!
토핑을 규칙적으로 올려놓았어.
다섯 번째 쿠키 반죽에는
(블루베리, 초코칩) 토핑을 올려야겠네.
규칙에 따라 다음과 같이 초콜릿을 놓을 때,
다음에 놓일 초콜릿은 1 개야.
?

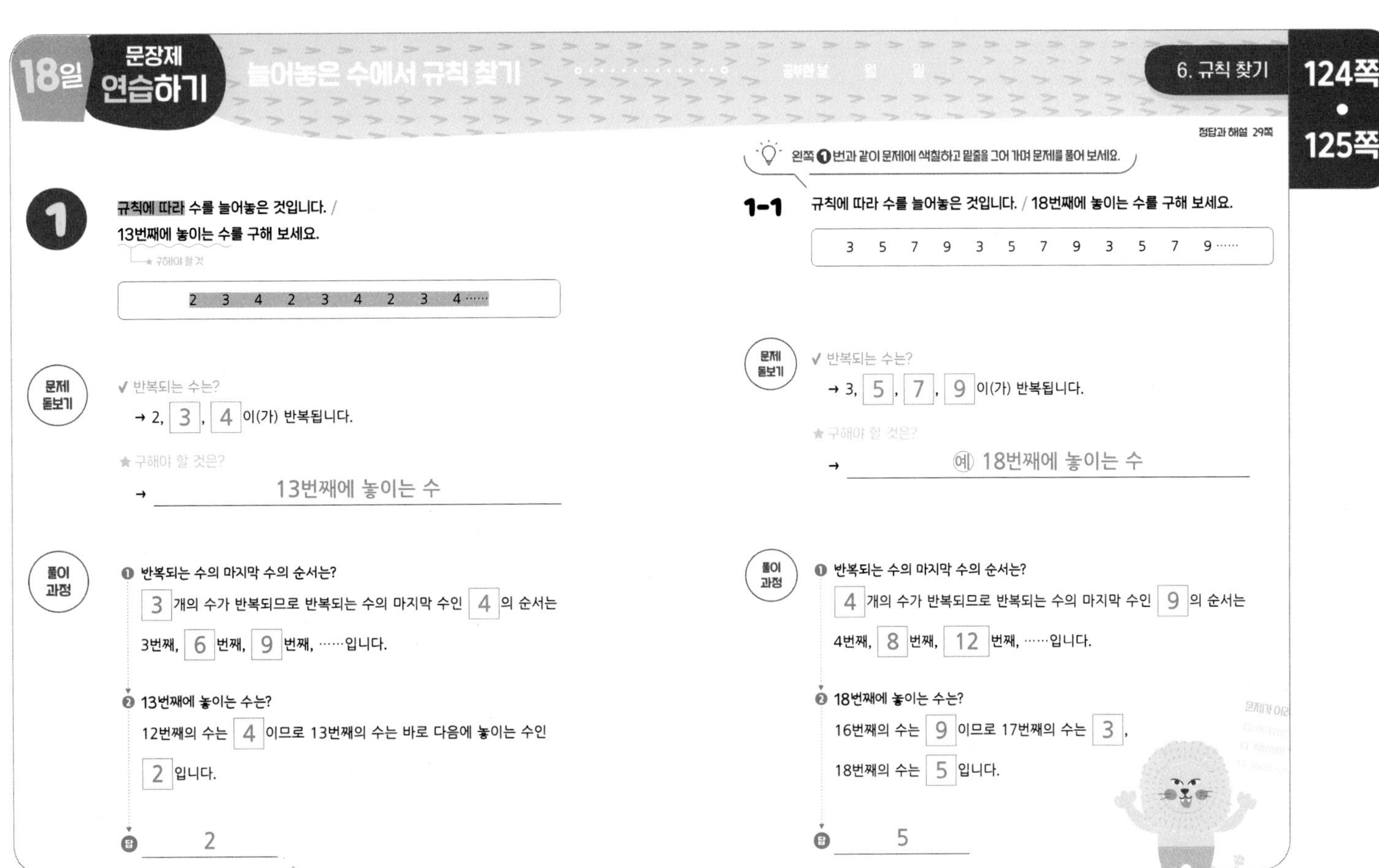

18일 문장제 연습하기
늘어놓은 수에서 규칙 찾기
공부한 날 월 일
6. 규칙 찾기
124쪽 • 125쪽
정답과 해설 29쪽
1 규칙에 따라 수를 늘어놓은 것입니다. / 13번째에 놓이는 수를 구해 보세요.
구해야 할 것
2 3 4 2 3 4 2 3 4 ……
문제 돋보기
✔ 반복되는 수는?
→ 2, 3, 4 이(가) 반복됩니다.
★ 구해야 할 것은?
→ 13번째에 놓이는 수
풀이 과정
❶ 반복되는 수의 마지막 수의 순서는?
3 개의 수가 반복되므로 반복되는 수의 마지막 수인 4 의 순서는
3번째, 6 번째, 9 번째, ……입니다.
❷ 13번째에 놓이는 수는?
12번째의 수는 4 이므로 13번째의 수는 바로 다음에 놓이는 수인
2 입니다.
답 2
왼쪽 ❶번과 같이 문제에 색칠하고 밑줄을 그어 가며 문제를 풀어 보세요.
1-1 규칙에 따라 수를 늘어놓은 것입니다. / 18번째에 놓이는 수를 구해 보세요.
3 5 7 9 3 5 7 9 3 5 7 9 ……
문제 돋보기
✔ 반복되는 수는?
→ 3, 5, 7, 9 이(가) 반복됩니다.
★ 구해야 할 것은?
→ 예 18번째에 놓이는 수
풀이 과정
❶ 반복되는 수의 마지막 수의 순서는?
4 개의 수가 반복되므로 반복되는 수의 마지막 수인 9 의 순서는
4번째, 8 번째, 12 번째, ……입니다.
❷ 18번째에 놓이는 수는?
16번째의 수는 9 이므로 17번째의 수는 3 ,
18번째의 수는 5 입니다.
답 5

126쪽 • 127쪽

문장제 연습하기 쌓기나무를 쌓은 규칙 찾기

정답과 해설 30쪽

2 규칙에 따라 쌓기나무를 쌓고 있습니다. / 다섯 번째 모양에 쌓을 쌓기나무는 / 모두 몇 개인가요?

구해야 할 것

 ⇨  ⇨ 

첫 번째 두 번째 세 번째

문제 돌보기 ✔ 첫 번째, 두 번째, 세 번째 모양에 쌓은 쌓기나무의 수는?

→ 첫 번째: 1 개, 두 번째: 3 개, 세 번째: 5 개

★ 구해야 할 것은?

→ 다섯 번째 모양에 쌓을 쌓기나무의 수

풀이 과정 ❶ 쌓기나무를 쌓은 규칙은?

첫 번째 1, 두 번째 3, 세 번째 5 ⇨ 2 개씩 늘어나는 규칙입니다.

+2 +2

❷ 다섯 번째 모양에 쌓을 쌓기나무의 수는?

5+ 2 + 2 = 9 (개)

답 9개

왼쪽 ❷번과 같이 문제에 색칠하고 밑줄을 그어 가며 문제를 풀어 보세요.

2-1 규칙에 따라 쌓기나무를 쌓고 있습니다. / 쌓기나무를 7층으로 쌓기 위해 / 필요한 쌓기나무는 모두 몇 개인가요?

문제 돌보기 ✔ 1층, 2층, 3층으로 쌓은 쌓기나무의 수는?

→ 1층짜리: 1 개, 2층짜리: 4 개, 3층짜리: 7 개

★ 구해야 할 것은?

→ 예 7층으로 쌓기 위해 필요한 쌓기나무의 수

풀이 과정 ❶ 쌓기나무를 쌓은 규칙은?

1개부터 시작하여 2층, 3층으로 쌓으면서 쌓기나무가 3 개씩 늘어나는 규칙입니다.

❷ 7층으로 쌓기 위해 필요한 쌓기나무의 수는?

7+ 3 + 3 + 3 + 3 = 19 (개)

답 19개

128쪽 • 129쪽

문장제 실력쌓기 • 늘어놓은 수에서 규칙 찾기 • 쌓기나무를 쌓은 규칙 찾기

정답과 해설 30쪽

문제를 읽고 '연습하기'에서 했던 것처럼 밑줄을 그어 가며 문제를 풀어 보세요.

1 규칙에 따라 수를 늘어놓은 것입니다. 16번째에 놓이는 수를 구해 보세요.

1 3 5 1 3 5 1 3 5 ……

❶ 반복되는 수의 마지막 수의 순서는?

예 3개의 수 1, 3, 5가 반복되므로 반복되는 수의 마지막 수인 5의 순서는 3번째, 6번째, 9번째, ……입니다.

❷ 16번째에 놓이는 수는?

예 15번째의 수는 5이므로 16번째의 수는 바로 다음에 놓이는 수인 1입니다.

답 1

2 규칙에 따라 쌓기나무를 쌓고 있습니다. 다섯 번째 모양에 쌓을 쌓기나무는 모두 몇 개인가요?

첫 번째 두 번째 세 번째

❶ 쌓기나무를 쌓은 규칙은?

예 첫 번째 모양은 2개, 두 번째 모양은 4개, 세 번째 모양은 6개로 쌓기나무가 2개씩 늘어나는 규칙입니다.

❷ 다섯 번째 모양에 쌓을 쌓기나무의 수는?

예 6+2+2=10(개)

답 10개

3 규칙에 따라 수를 늘어놓은 것입니다. 23번째에 놓이는 수를 구해 보세요.

8 4 2 7 8 4 2 7 8 4 2 7 ……

❶ 반복되는 수의 마지막 수의 순서는?

예 4개의 수 8, 4, 2, 7이 반복되므로 반복되는 수의 마지막 수인 7의 순서는 4번째, 8번째, 12번째, ……입니다.

❷ 23번째에 놓이는 수는?

예 20번째의 수는 7이므로 21번째의 수는 8, 22번째의 수는 4, 23번째의 수는 2입니다.

답 2

4 규칙에 따라 쌓기나무를 쌓고 있습니다. 쌓기나무를 6층으로 쌓기 위해 필요한 쌓기나무는 모두 몇 개인가요?

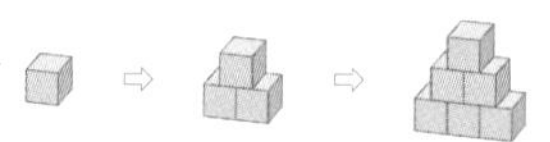

❶ 쌓기나무를 쌓은 규칙은?

예 층이 하나씩 늘어나고, 각 층에 쌓기나무가 1개, 2개, 3개, ……로 한 층에 1개씩 늘어나는 규칙입니다.

❷ 6층으로 쌓기 위해 필요한 쌓기나무의 수는?

예 1+2+3+4+5+6=21(개)

답 21개

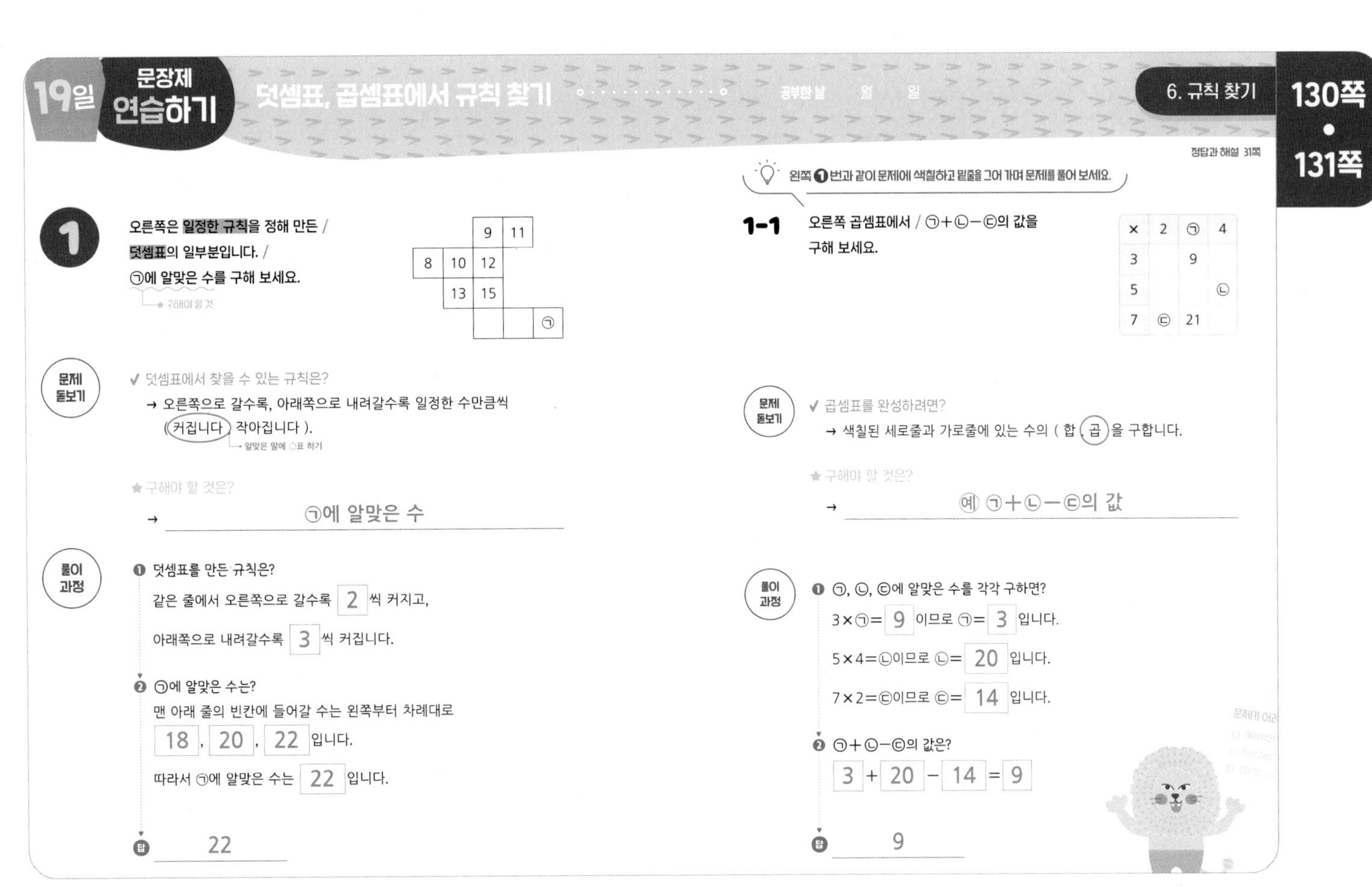

19일 문장제 연습하기 덧셈표, 곱셈표에서 규칙 찾기 공부한 날 월 일

6. 규칙 찾기 130쪽 • 131쪽

정답과 해설 31쪽

1 오른쪽은 일정한 규칙을 정해 만든 / 덧셈표의 일부분입니다. / ㉠에 알맞은 수를 구해 보세요.

구해야 할 것

		9	11	
	8	10	12	
		13	15	
				㉠

문제 돋보기

✓ 덧셈표에서 찾을 수 있는 규칙은?

→ 오른쪽으로 갈수록, 아래쪽으로 내려갈수록 일정한 수만큼씩 (커집니다 , 작아집니다).

알맞은 말에 ○표 하기

★ 구해야 할 것은?

→ ㉠에 알맞은 수

풀이 과정

❶ 덧셈표를 만든 규칙은?

같은 줄에서 오른쪽으로 갈수록 2 씩 커지고,

아래쪽으로 내려갈수록 3 씩 커집니다.

❷ ㉠에 알맞은 수는?

맨 아래 줄의 빈칸에 들어갈 수는 왼쪽부터 차례대로 18, 20, 22 입니다.

따라서 ㉠에 알맞은 수는 22 입니다.

답 22

왼쪽 ❶번과 같이 문제에 색칠하고 밑줄을 그어 가며 문제를 풀어 보세요.

1-1 오른쪽 곱셈표에서 / ㉠+㉡−㉢의 값을 구해 보세요.

×	2	㉠	4
3		9	
5			㉡
7	㉢	21	

문제 돋보기

✓ 곱셈표를 완성하려면?

→ 색칠된 세로줄과 가로줄에 있는 수의 (합 , 곱)을 구합니다.

★ 구해야 할 것은?

→ 예 ㉠+㉡−㉢의 값

풀이 과정

❶ ㉠, ㉡, ㉢에 알맞은 수를 각각 구하면?

3×㉠= 9 이므로 ㉠= 3 입니다.

5×4=㉡이므로 ㉡= 20 입니다.

7×2=㉢이므로 ㉢= 14 입니다.

❷ ㉠+㉡−㉢의 값은?

3 + 20 − 14 = 9

답 9

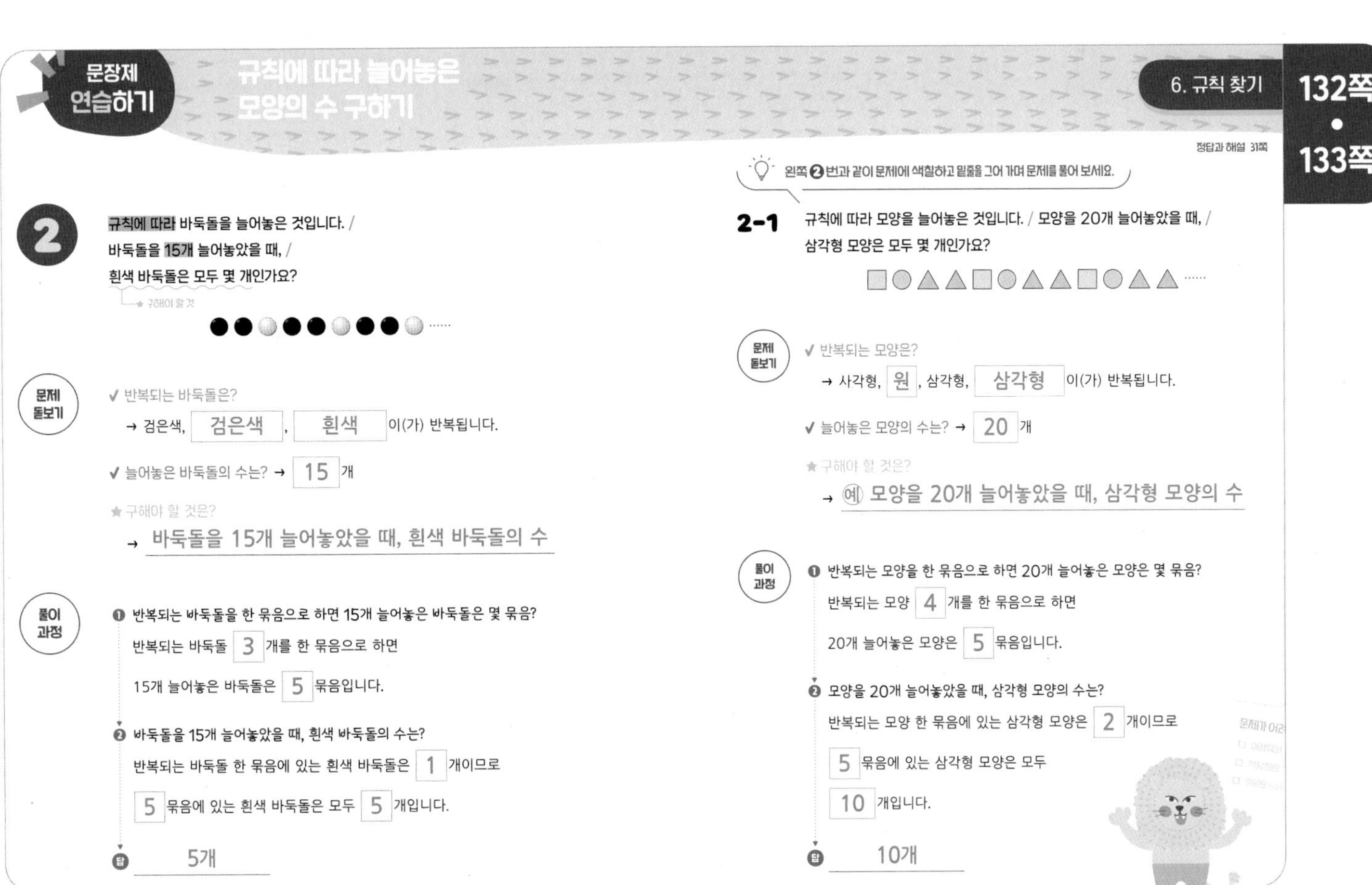

문장제 연습하기 규칙에 따라 늘어놓은 모양의 수 구하기

6. 규칙 찾기 132쪽 • 133쪽

정답과 해설 31쪽

2 규칙에 따라 바둑돌을 늘어놓은 것입니다. / 바둑돌을 15개 늘어놓았을 때, / 흰색 바둑돌은 모두 몇 개인가요?

구해야 할 것

●●○●●○●●○ ……

문제 돋보기

✓ 반복되는 바둑돌은?

→ 검은색, 검은색 , 흰색 이(가) 반복됩니다.

✓ 늘어놓은 바둑돌의 수는? → 15 개

★ 구해야 할 것은?

→ 바둑돌을 15개 늘어놓았을 때, 흰색 바둑돌의 수

풀이 과정

❶ 반복되는 바둑돌을 한 묶음으로 하면 15개 늘어놓은 바둑돌은 몇 묶음?

반복되는 바둑돌 3 개를 한 묶음으로 하면

15개 늘어놓은 바둑돌은 5 묶음입니다.

❷ 바둑돌을 15개 늘어놓았을 때, 흰색 바둑돌의 수는?

반복되는 바둑돌 한 묶음에 있는 흰색 바둑돌은 1 개이므로

5 묶음에 있는 흰색 바둑돌은 모두 5 개입니다.

답 5개

왼쪽 ❷번과 같이 문제에 색칠하고 밑줄을 그어 가며 문제를 풀어 보세요.

2-1 규칙에 따라 모양을 늘어놓은 것입니다. / 모양을 20개 늘어놓았을 때, / 삼각형 모양은 모두 몇 개인가요?

□○△△□○△△□○△△ ……

문제 돋보기

✓ 반복되는 모양은?

→ 사각형, 원 , 삼각형, 삼각형 이(가) 반복됩니다.

✓ 늘어놓은 모양의 수는? → 20 개

★ 구해야 할 것은?

→ 예 모양을 20개 늘어놓았을 때, 삼각형 모양의 수

풀이 과정

❶ 반복되는 모양을 한 묶음으로 하면 20개 늘어놓은 모양은 몇 묶음?

반복되는 모양 4 개를 한 묶음으로 하면

20개 늘어놓은 모양은 5 묶음입니다.

❷ 모양을 20개 늘어놓았을 때, 삼각형 모양의 수는?

반복되는 모양 한 묶음에 있는 삼각형 모양은 2 개이므로

5 묶음에 있는 삼각형 모양은 모두

10 개입니다.

답 10개

134쪽 • 135쪽

문장제 실력쌓기

◆ 덧셈표, 곱셈표에서 규칙 찾기
◆ 규칙에 따라 늘어놓은 모양의 수 구하기

정답과 해설 32쪽

문제를 읽고 '연습하기'에서 했던 것처럼 밑줄을 그어 가며 문제를 풀어 보세요.

1 오른쪽은 일정한 규칙을 정해 만든 덧셈표의 일부분입니다. ㉠에 알맞은 수를 구해 보세요.

11	13		
	14		18
		㉠	

❶ 덧셈표를 만든 규칙은?
예 같은 줄에서 오른쪽으로 갈수록 2씩 커지고, 아래쪽으로 내려갈수록 1씩 커집니다.

❷ ㉠에 알맞은 수는?
예 맨 아래 줄의 빈칸에 들어갈 수는 왼쪽부터 차례대로 15, 17, 19입니다.
따라서 ㉠에 알맞은 수는 17입니다.

답 17

2 오른쪽 곱셈표에서 ㉠－㉡＋㉢의 값을 구해 보세요.

×	4	8
5	20	㉠
㉡	28	㉢

❶ ㉠, ㉡, ㉢에 알맞은 수를 각각 구하면?
예 $5\times8=$㉠이므로 ㉠$=40$입니다.
㉡$\times4=28$이므로 ㉡$=7$입니다.
㉡$\times8=$㉢이므로 $7\times8=$㉢, ㉢$=56$입니다.

❷ ㉠－㉡＋㉢의 값은?
예 $40-7+56=33+56=89$

답 89

3 규칙에 따라 바둑돌을 늘어놓은 것입니다. 바둑돌을 20개 늘어놓았을 때, 검은색 바둑돌은 모두 몇 개인가요?

○●●○○●●○○●●○ ……

❶ 반복되는 바둑돌을 한 묶음으로 하면 20개 늘어놓은 바둑돌은 몇 묶음?
예 반복되는 바둑돌은 흰색－검은색－검은색－흰색으로 4개입니다.
반복되는 바둑돌 4개를 한 묶음으로 하면 20개 늘어놓은 바둑돌은 5묶음입니다.

❷ 바둑돌을 20개 늘어놓았을 때, 검은색 바둑돌의 수는?
예 반복되는 바둑돌 한 묶음에 있는 검은색 바둑돌은 2개이므로 5묶음에 있는 검은색 바둑돌은 모두 10개입니다.

답 10개

4 규칙에 따라 구슬을 실에 끼우고 있습니다. 구슬을 30개 끼웠을 때, 빨간색 구슬은 모두 몇 개인가요?

❶ 반복되는 구슬을 한 묶음으로 하면 30개 끼웠을 때 구슬은 몇 묶음?
예 반복되는 구슬은 빨간색－보라색－보라색－빨간색－빨간색으로 5개입니다.
반복되는 구슬 5개를 한 묶음으로 하면 30개 끼웠을 때 구슬은 6묶음입니다.

❷ 구슬을 30개 끼웠을 때, 빨간색 구슬의 수는?
예 반복되는 구슬 한 묶음에 있는 빨간색 구슬은 3개이므로 6묶음에 있는 빨간색 구슬은 모두 18개입니다.

답 18개

136쪽 • 137쪽

20일 단원 마무리

공부한 날 월 일

정답과 해설 32쪽

124쪽 늘어놓은 수에서 규칙 찾기

1 규칙에 따라 수를 늘어놓은 것입니다. 14번째에 놓이는 수를 구해 보세요.

3 6 9 3 6 9 3 6 9 ……

풀이 예 3개의 수가 반복되므로 반복되는 수의 마지막 수인 9의 순서는 3번째, 6번째, 9번째, ……입니다.
12번째의 수는 9이므로 13번째의 수는 3, 14번째의 수는 6입니다.

답 6

126쪽 쌓기나무를 쌓은 규칙 찾기

2 규칙에 따라 쌓기나무를 쌓고 있습니다. 쌓기나무를 7층으로 쌓기 위해 필요한 쌓기나무는 모두 몇 개인가요?

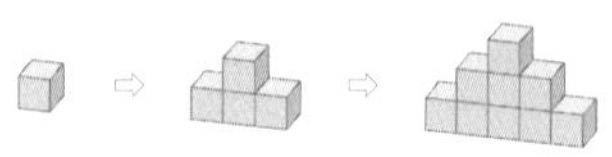

풀이 예 층이 하나씩 늘어나고, 각 층에 쌓기나무가 1개, 3개, 5개, ……로 한 층에 2개씩 늘어나는 규칙입니다.
따라서 7층으로 쌓기 위해 필요한 쌓기나무는 모두 $1+3+5+7+9+11+13=49$(개)입니다.

답 49개

130쪽 덧셈표, 곱셈표에서 규칙 찾기

3 오른쪽은 일정한 규칙을 정해 만든 덧셈표의 일부분입니다. ㉠에 알맞은 수를 구해 보세요.

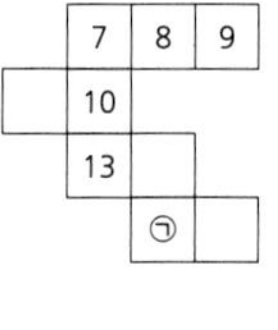

	7	8	9
	10		
	13		
		㉠	

풀이 예 같은 줄에서 오른쪽으로 갈수록 1씩 커지고, 아래쪽으로 내려갈수록 3씩 커집니다.
13의 오른쪽에 들어갈 수는 14이고, ㉠에 알맞은 수는 $14+3=17$입니다.

답 17

130쪽 덧셈표, 곱셈표에서 규칙 찾기

4 오른쪽 곱셈표에서 ㉠－㉡＋㉢의 값을 구해 보세요.

×	3	5	㉠
2		10	12
㉡		20	
5		25	㉢

풀이 예 $2\times$㉠$=12$이므로 ㉠$=6$입니다.
㉡$\times5=20$이므로 ㉡$=4$입니다.
$5\times$㉠$=$㉢이므로 $5\times6=$㉢, ㉢$=30$입니다.
따라서 ㉠－㉡＋㉢$=6-4+30=32$입니다.

답 32

124쪽 늘어놓은 수에서 규칙 찾기

5 규칙에 따라 수를 늘어놓은 것입니다. 20번째와 21번째에 놓이는 수의 합을 구해 보세요.

1 4 8 7 1 4 8 7 1 4 8 7 ……

풀이 예 4개의 수가 반복되므로 반복되는 수의 마지막 수인 7의 순서는 4번째, 8번째, 12번째, ……입니다.
20번째의 수는 7이고, 21번째의 수는 1이므로 두 수의 합은 $7+1=8$입니다.

답 8

132쪽 규칙에 따라 늘어놓은 모양의 수 구하기

6 규칙에 따라 모양을 늘어놓은 것입니다. 모양을 24개 늘어놓았을 때, 사각형 모양은 모두 몇 개인가요?

○○□△○○□△○○□△…

풀이 예 반복되는 모양은 원－원－사각형－삼각형으로 4개입니다.
반복되는 모양 4개를 한 묶음으로 하면 24개 늘어놓은 모양은 6묶음입니다.
따라서 반복되는 모양 한 묶음에 있는 사각형 모양은 1개이므로 6묶음에 있는 사각형 모양은 모두 6개입니다.

답 6개

132쪽 규칙에 따라 늘어놓은 모양의 수 구하기

7 규칙에 따라 구슬을 실에 끼우고 있습니다. 구슬을 40개 끼웠을 때, 초록색 구슬은 모두 몇 개인가요?

풀이 예 반복되는 구슬은 초록색－초록색－주황색－초록색－주황색으로 5개입니다.
반복되는 구슬 5개를 한 묶음으로 하면 40개 늘어놓은 모양은 8묶음입니다.
따라서 반복되는 구슬 한 묶음에 있는 초록색 구슬은 3개이므로 8묶음에 있는 초록색 구슬은 모두 24개입니다.

답 24개

126쪽 쌓기나무를 쌓은 규칙 찾기

도전 문제 8 지후와 경미가 규칙에 따라 쌓기나무를 쌓고 있습니다.
두 사람이 각각 일곱 번째 모양에 쌓을 쌓기나무의 수의 차를 구해 보세요.

지후: 첫 번째 ⇨ 두 번째 ⇨ 세 번째

경미: 첫 번째 ⇨ 두 번째 ⇨ 세 번째

❶ 지후가 일곱 번째 모양에 쌓을 쌓기나무의 수는?
예 첫 번째 모양은 1개, 두 번째 모양은 3개, 세 번째 모양은 5개로 쌓기나무가 2개씩 늘어나는 규칙입니다.
따라서 지후가 일곱 번째 모양에 쌓을 쌓기나무는 모두 $5+2+2+2+2=13$(개)입니다.

❷ 경미가 일곱 번째 모양에 쌓을 쌓기나무의 수는?
예 첫 번째 모양은 4개, 두 번째 모양은 6개, 세 번째 모양은 8개로 쌓기나무가 2개씩 늘어나는 규칙입니다.
따라서 경미가 일곱 번째 모양에 쌓을 쌓기나무는 모두 $8+2+2+2+2=16$(개)입니다.

❸ 위 ❶, ❷에서 구한 쌓기나무의 수의 차는?
예 $16-13=3$(개)

답 3개

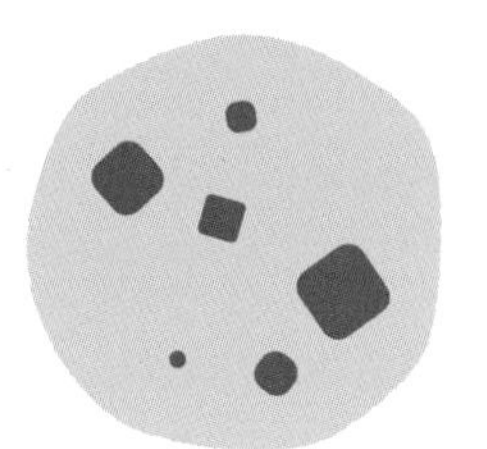

실력 평가

140쪽 • 141쪽

1회 실력 평가

공부한 날 월 일

정답과 해설 34쪽

1 주영이가 공책을 사기 위해 1000원을 모으려고 합니다. 현재 500원짜리 동전 1개와 100원짜리 동전 1개를 모았습니다. 1000원이 되려면 얼마를 더 모아야 하나요?

풀이 예 현재 주영이가 모은 돈은 500원짜리 동전 1개, 100원짜리 동전 1개이므로 모두 600원입니다. 따라서 1000은 600보다 400만큼 더 큰 수이므로 1000원이 되려면 400원을 더 모아야 합니다.

답 400원

2 한 봉지에 3자루씩 들어 있는 볼펜이 상자마다 2봉지 들어 있습니다. 4상자에 들어 있는 볼펜은 모두 몇 자루인가요?

풀이 예 한 상자에 들어 있는 볼펜의 수는 $3 \times 2 = 6$(자루)입니다. 따라서 4상자에 들어 있는 볼펜은 모두 $6 \times 4 = 24$(자루)입니다.

답 24자루

3 오른쪽은 어느 해의 10월 달력의 일부분입니다. 10월의 셋째 수요일은 며칠인가요?

10월

일	월	화	수	목	금	토
				1	2	3
4	5	6	7	8	9	10

풀이 예 10월의 첫째 수요일의 날짜는 7일입니다. 수요일이 7일마다 반복되므로 10월의 둘째 수요일은 $7+7=14$(일), 셋째 수요일은 $14+7=21$(일)입니다.

답 21일

4 연준이네 모둠 학생들이 농구공 넣기를 하여 공을 넣으면 ○표, 넣지 못하면 ×표를 하여 나타낸 것입니다. 공을 가장 많이 넣은 학생은 누구인가요?

농구공 넣기 결과

이름 \ 순서	1	2	3	4	5	6	7	8	9	10
연준	○	○	×	×	×	○	○	○	×	×
수빈	○	○	○	○	○	×	○	○	×	○
범규	×	○	×	×	×	×	×	○	×	×
태현	×	×	○	×	○	○	×	×	×	×

풀이 예 학생별 넣은 공 수를 세어 표로 나타내면 다음과 같습니다.

학생별 넣은 공 수

이름	연준	수빈	범규	태현	합계
넣은 공 수(개)	5	8	2	3	18

⇨ 학생별 넣은 공 수를 비교하면 $8>5>3>2$이므로 공을 가장 많이 넣은 학생은 수빈입니다.

답 수빈

5 노란색 끈의 길이는 30 cm입니다. 노란색 끈으로 책꽂이의 짧은 쪽의 길이를 재었더니 2번이었습니다. 분홍색 끈의 길이가 20 cm라면 분홍색 끈으로 책꽂이의 짧은 쪽의 길이를 재면 몇 번인가요?

풀이 예 책꽂이의 짧은 쪽의 길이는 노란색 끈으로 2번 잰 길이이므로 30 cm+30 cm=60 cm입니다.
⇨ 60 cm=20 cm+20 cm+20 cm이므로 분홍색 끈으로 책꽂이의 짧은 쪽의 길이를 재면 3번입니다.

답 3번

142쪽 • 143쪽

실력 평가

맞은 개수 /10개 걸린 시간 /40분

정답과 해설 34쪽

6 네 자리 수의 크기를 비교했습니다. 0부터 9까지의 수 중에서 □ 안에 들어갈 수 있는 가장 큰 수를 구해 보세요.

3138>31□9

풀이 예 3138과 31□9는 천의 자리 숫자와 백의 자리 숫자가 같고, 일의 자리 숫자를 비교하면 8<9이므로 □ 안에는 3보다 작은 0, 1, 2가 들어갈 수 있습니다. 따라서 □ 안에 들어갈 수 있는 가장 큰 수는 2입니다.

답 2

7 원현이는 청소를 2시 20분에 시작하여 3시 50분에 끝냈고, 사빈이는 3시 40분에 시작하여 4시 20분에 끝냈습니다. 청소를 더 짧게 한 사람은 누구인가요?

풀이 예 원현이가 청소를 한 시간은
2시 20분 →(40분 후) 3시 →(50분 후) 3시 50분 ⇨ 90분=1시간 30분입니다.
사빈이가 청소를 한 시간은
3시 40분 →(20분 후) 4시 →(20분 후) 4시 20분 ⇨ 40분입니다.
따라서 1시간 30분>40분이므로 청소를 더 짧게 한 사람은 사빈입니다.

답 사빈

8 3장의 수 카드 0, 3, 8 중에서 2장을 뽑아 한 번씩만 사용하여 곱셈식을 만들 때, 가장 작은 곱은 얼마인가요?

풀이 예 가장 작은 곱을 구하려면 (가장 작은 수)×(두 번째로 작은 수)를 구합니다. 수 카드의 수의 크기를 비교하면 0<3<8이므로 가장 작은 수는 0이고, 두 번째로 작은 수는 3입니다. 따라서 곱셈식을 만들 때, 가장 작은 곱은 $0 \times 3 = 0$(또는 $3 \times 0 = 0$)입니다.

답 0

9 규칙에 따라 수를 늘어놓은 것입니다. 15번째에 놓이는 수를 구해 보세요.

1 3 5 7 1 3 5 7 1 3 5 7 ……

풀이 예 4개의 수가 반복되므로 반복되는 수의 마지막 수인 7의 순서는 4번째, 8번째, 12번째, ……입니다. 12번째의 수는 7이므로 13번째의 수는 1, 14번째의 수는 3, 15번째의 수는 5입니다.

답 5

10 길이가 2 m 37 cm인 색 테이프 2장을 1 m 22 cm만큼 겹치게 한 줄로 길게 이어 붙였습니다. 이어 붙인 색 테이프의 전체 길이는 몇 m 몇 cm인가요?

풀이 예 (색 테이프 2장의 길이의 합)
=2 m 37 cm+2 m 37 cm=4 m 74 cm
⇨ (이어 붙인 색 테이프의 전체 길이)
=4 m 74 cm−1 m 22 cm=3 m 52 cm

답 3 m 52 cm

2회 실력 평가

공부한 날 월 일

정답과 해설 35쪽

1 숫자 2가 나타내는 값이 가장 큰 수를 찾아 써 보세요.

1826 9256 5452 2485

풀이 예) 각 네 자리 수에서 숫자 2가 나타내는 값을 구하면
1826 ⇨ 20, 9256 ⇨ 200, 5452 ⇨ 2,
2485 ⇨ 2000입니다.
따라서 숫자 2가 나타내는 값이
가장 큰 수는 2485입니다.

답 2485

2 한 봉지에 4개씩 들어 있는 사탕이 상자마다 2봉지 들어 있습니다.
5상자에 들어 있는 사탕은 모두 몇 개인가요?

풀이 예) 한 상자에 들어 있는 사탕의 수는 $4 \times 2 = 8$(개)입니다.
따라서 5상자에 들어 있는 사탕의 수는
$8 \times 5 = 40$(개)입니다.

답 40개

3 수 카드 3장을 한 번씩만 사용하여 가장 긴 길이를 만들었을 때,
그 길이와 2 m 57 cm의 차를 구해 보세요.

6 9 4 □ m □□ cm

풀이 예) 수 카드의 수의 크기를 비교하면 $9 > 6 > 4$이므로
가장 긴 길이는 9 m 64 cm입니다.
⇨ 9 m 64 cm − 2 m 57 cm = 7 m 7 cm

답 7 m 7 cm

4 고무줄의 길이는 1 m 38 cm입니다. 나무 막대는 고무줄보다 22 cm
더 짧습니다. 고무줄과 나무 막대의 길이의 합은 몇 m 몇 cm인가요?

풀이 예) (나무 막대의 길이) = 1 m 38 cm − 22 cm = 1 m 16 cm
⇨ (고무줄과 나무 막대의 길이의 합)
= 1 m 38 cm + 1 m 16 cm = 2 m 54 cm

답 2 m 54 cm

5 은비네 모둠 학생 10명이 좋아하는 분식을 조사하여 그래프로
나타내었습니다. 가장 많은 학생들이 좋아하는 분식은 무엇인가요?

좋아하는 분식별 학생 수

4				
3		○		
2		○		○
1		○	○	○
학생 수(명) / 분식	떡볶이	김밥	라면	쫄면

풀이 예) 떡볶이를 좋아하는 학생 수는
$10 - 3 - 1 - 2 = 4$(명)입니다.
따라서 좋아하는 분식별 학생 수를 비교하면
$4 > 3 > 2 > 1$이므로 가장 많은 학생들이 좋아하는 분식은
떡볶이입니다.

답 떡볶이

실력 평가

맞은 개수 /10개 걸린 시간 /40분

정답과 해설 35쪽

6 5장의 수 카드 2, 3, 6, 7, 8 중에서 4장을 골라 한 번씩만
사용하여 천의 자리 숫자가 2인 네 자리 수를 만들려고 합니다.
만들 수 있는 수 중에서 가장 큰 수를 구해 보세요.

풀이 예) 수 카드의 수의 크기를 비교하면 $8 > 7 > 6 > 3 > 2$입니다.
천의 자리 숫자가 2이므로 2를 제외한 남은 수 중에서 큰 수부터
백, 십, 일의 자리에 차례대로 놓으면 2876입니다.

답 2876

7 책이 책꽂이 한 칸에 9권씩 4칸에 꽂혀 있습니다.
이 책을 한 칸에 6권씩 다시 꽂으면 책꽂이 몇 칸에 꽂을 수 있나요?

풀이 예) 책의 수는 $9 \times 4 = 36$(권)입니다.
다시 꽂을 때 책꽂이의 칸 수를 ■라 하면 $6 \times ■ = 36$입니다.
$6 \times 6 = 36$ ⇨ ■ = 6이므로 한 칸에 6권씩 다시 꽂으면
책꽂이 6칸에 꽂을 수 있습니다.

답 6칸

8 어느 공원에서 9월 10일부터 10월 18일까지 코스모스 축제를 합니다.
코스모스 축제를 하는 기간은 며칠인가요?

풀이 예) 9월은 30일까지 있으므로 9월 10일부터 9월 30일까지의
기간은 $30 - 10 + 1 = 21$(일)입니다.
10월 1일부터 18일까지의 기간은 18일입니다.
따라서 코스모스 축제를 하는 기간은
$21 + 18 = 39$(일)입니다.

답 39일

9 규칙에 따라 쌓기나무를 쌓고 있습니다. 다섯 번째 모양에 쌓을
쌓기나무는 모두 몇 개인가요?

첫 번째 ⇨ 두 번째 ⇨ 세 번째

풀이 예) 첫 번째 모양은 1개, 두 번째 모양은 $1 + 2 = 3$(개),
세 번째 모양은 $1 + 2 + 3 = 6$(개)로
쌓기나무가 1개, 2개, 3개, ……씩 늘어나는 규칙입니다.
따라서 다섯 번째 모양에 쌓을 쌓기나무는 모두
$1 + 2 + 3 + 4 + 5 = 15$(개)입니다.

답 15개

10 규칙에 따라 모양을 늘어놓은 것입니다. 모양을 32개 늘어놓았을 때,
삼각형 모양은 모두 몇 개인가요?

○△□□○△□□○△□□ ……

풀이 예) 반복되는 모양은 원−삼각형−사각형−사각형으로 4개입니다.
반복되는 모양 4개를 한 묶음으로 하면 32개 늘어놓은 모양은
8묶음입니다.
따라서 반복되는 모양 한 묶음에 있는 삼각형 모양은 1개이므로
8묶음에 있는 삼각형 모양은 모두 8개입니다.

답 8개

148쪽 • 149쪽

3회 실력 평가

공부한 날 월 일

정답과 해설 36쪽

1 어느 중국집은 자장면이 7550원, 짬뽕이 8000원, 군만두가 4580원입니다. 가격이 가장 저렴한 메뉴는 무엇인가요?

풀이 예 자장면, 짬뽕, 군만두의 가격을 비교하면
8000>7550>4580입니다.
따라서 가격이 가장 저렴한 메뉴는 군만두입니다.

답 군만두

2 오른쪽은 어느 해의 5월 달력의 일부분입니다. 5월 22일은 무슨 요일인가요?

5월

일	월	화	수	목	금	토
			1	2	3	4

풀이 예 같은 요일이 7일마다 반복되므로
22일과 요일이 같은 날짜는
22−7=15(일), 15−7=8(일), 8−7=1(일)입니다.
1일이 수요일이므로 22일은 수요일입니다.

답 수요일

3 꽃집에서 병원을 거쳐 마트까지 가는 거리는 꽃집에서 마트까지 바로 가는 거리보다 몇 m 몇 cm 더 먼가요?

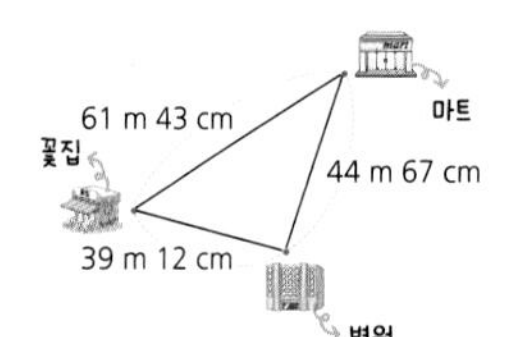

풀이 예 (꽃집에서 병원을 거쳐 마트까지 가는 거리)
=39 m 12 cm+44 m 67 cm=83 m 79 cm
⇨ 병원을 거쳐 가는 거리는 바로 가는 거리보다
83 m 79 cm−61 m 43 cm=22 m 36 cm 더 멉니다.

답 22 m 36 cm

4 오른쪽은 일정한 규칙을 정해 만든 덧셈표의 일부분입니다. ㉠에 알맞은 수를 구해 보세요.

	4	
3	6	9
5	8	
9		㉠

풀이 예 같은 줄에서 오른쪽으로 갈수록 3씩 커지고, 아래쪽으로 내려갈수록 2씩 커집니다.
맨 아래 줄의 빈칸에 들어갈 수는 왼쪽부터 차례대로 12, 15입니다.
따라서 ㉠에 알맞은 수는 15입니다.

답 15

5 어떤 수에 5를 곱해야 할 것을 잘못하여 6을 곱했더니 42가 되었습니다. 바르게 계산한 값은 얼마인가요?

풀이 예 어떤 수를 ■라 하면 ■×6=42입니다.
7×6=42이므로 ■=7입니다.
따라서 바르게 계산한 값은 7×5=35입니다.

답 35

150쪽 • 151쪽

실력 평가

맞은 개수 /10개 걸린 시간 /40분

정답과 해설 36쪽

6 시우네 반 학생들이 기르는 반려동물을 조사하여 표로 나타내었습니다. 강아지를 기르는 학생은 고양이를 기르는 학생보다 2명 더 많습니다. 가장 많은 학생들이 기르는 반려동물은 무엇인가요?

기르는 반려동물별 학생 수

동물	강아지	토끼	고양이	햄스터	합계
학생 수(명)		4		5	27

풀이 예 강아지를 기르는 학생 수와 고양이를 기르는 학생 수의 합은
27−4−5=18(명)입니다.
고양이를 기르는 학생 수를 ■명이라 하면 강아지를 기르는 학생 수는 (■+2)명입니다.
■+2+■=18, ■+■=16, ■=8
⇨ 강아지를 기르는 학생은 10명, 고양이를 기르는 학생은 8명입니다.
따라서 기르는 반려동물별 학생 수를 비교하면 10>8>5>4
이므로 가장 많은 학생들이 기르는 반려동물은 강아지입니다.

답 강아지

7 나영이네 모둠과 한나네 모둠 학생들의 혈액형을 조사하여 그래프로 나타내었습니다. 한나네 모둠이 나영이네 모둠보다 학생 수가 1명 더 많다면 한나네 모둠에서 A형인 학생은 몇 명인가요?

나영이네 모둠

4			○	
3		○	○	
2	○	○	○	
1	○	○	○	○
학생 수(명) / 혈액형	A형	B형	O형	AB형

한나네 모둠

4				
3		○	○	
2		○	○	
1		○	○	○
학생 수(명) / 혈액형	A형	B형	O형	AB형

풀이 예 나영이네 모둠의 학생 수는 2+3+4+1=10(명)입니다.
한나네 모둠은 나영이네 모둠보다 학생 수가 1명 더 많으므로 10+1=11(명)입니다.
따라서 한나네 모둠에서 A형인 학생 수는
11−3−3−1=4(명)입니다.

답 4명

8 길이가 210 cm인 철사를 한 번 잘랐더니 긴 도막이 짧은 도막보다 30 cm 더 깁니다. 긴 도막의 길이는 몇 m 몇 cm인가요?

풀이 예 (짧은 도막의 길이)=▲ cm라 하면
(긴 도막의 길이)=(▲+30) cm입니다.
▲+▲+30=210, ▲+▲=180, ▲=90이므로
짧은 도막의 길이는 90 cm입니다.
따라서 긴 도막의 길이는
90 cm+30 cm
=120 cm=1 m 20 cm입니다.

답 1 m 20 cm

9 6000보다 크고 7000보다 작은 네 자리 수 중에서 백의 자리 숫자는 7, 십의 자리 숫자는 2, 일의 자리 숫자는 천의 자리 숫자보다 2만큼 더 작은 수를 구해 보세요.

풀이 예 천의 자리 숫자는 6, 백의 자리 숫자는 7, 십의 자리 숫자는 2이고, 일의 자리 숫자는 6−2=4입니다.
따라서 조건을 모두 만족하는 네 자리 수는 6724입니다.

답 6724

10 1시간에 5분씩 느려지는 시계가 있습니다. 이 시계의 시각을 오늘 오전 10시에 정확히 맞추었다면 오늘 오후 7시에 이 시계가 나타내는 시각은 오후 몇 시 몇 분인가요?

풀이 예 오늘 오전 10시부터 오후 7시까지는 9시간입니다.
시계가 1시간에 5분씩 느려지므로 오후 7시까지
5×9=45(분) 느려집니다.
따라서 오늘 오후 7시에 이 시계가 나타내는 시각은
오후 7시에서 45분 전의 시각인 오후 6시 15분입니다.

답 오후 6시 15분

MEMO

MEMO

함께 파티해요!

단원 마무리에서 오린
동물들을 붙이고
내 모습을 그려 보세요!

당신을 동물들의 숲속 파티에 초대합니다.

준비물은 단 하나, 직접 만든 음식!

단, 주어진 문제를 모두 풀어야만 파티에 참석할 수 있어요!

그럼 지금부터 문제를 차근차근 풀면서

파티 준비를 해 볼까요?

수학 문장제 발전
단계별 구성

1A	1B	2A	2B	3A	3B
9까지의 수	100까지의 수	세 자리 수	네 자리 수	덧셈과 뺄셈	곱셈
여러 가지 모양	덧셈과 뺄셈(1)	여러 가지 도형	곱셈구구	평면도형	나눗셈
덧셈과 뺄셈	모양과 시각	덧셈과 뺄셈	길이 재기	나눗셈	원
비교하기	덧셈과 뺄셈(2)	길이 재기	시각과 시간	곱셈	분수
50까지의 수	규칙 찾기	분류하기	표와 그래프	길이와 시간	들이와 무게
	덧셈과 뺄셈(3)	곱셈	규칙 찾기	분수와 소수	자료의 정리

교과서 전 단원, 전 영역 뿐만 아니라 다양한 시험에 나오는
복잡한 수학 문장제를 분석하고 단계별 풀이를 통해
문제 해결력을 강화해요!

수, 연산, 도형과 측정, 자료와 가능성, 변화와 관계 영역의
다양한 문장제를 해결해 봐요.

4A	4B	5A	5B	6A	6B
큰 수	분수의 덧셈과 뺄셈	자연수의 혼합 계산	수의 범위와 어림하기	분수의 나눗셈	분수의 나눗셈
각도	삼각형	약수와 배수	분수의 곱셈	각기둥과 각뿔	소수의 나눗셈
곱셈과 나눗셈	소수의 덧셈과 뺄셈	규칙과 대응	합동과 대칭	소수의 나눗셈	공간과 입체
평면도형의 이동	사각형	약분과 통분	소수의 곱셈	비와 비율	비례식과 비례배분
막대 그래프	꺾은선 그래프	분수의 덧셈과 뺄셈	직육면체	여러 가지 그래프	원의 둘레와 넓이
규칙 찾기	다각형	다각형의 둘레와 넓이	평균과 가능성	직육면체의 부피와 겉넓이	원기둥, 원뿔, 구

특징과 활용법

준비하기

단원별 2쪽 가볍게 몸풀기

그림 속 이야기를 읽어 보면서
간단한 문장으로 된
문제를 풀어 보아요.

일차 학습

하루 6쪽 문장제 학습

문제 속 조건과 구하려는 것을
찾고, 단계별 풀이를 통해
문제 해결력이 쑥쑥~

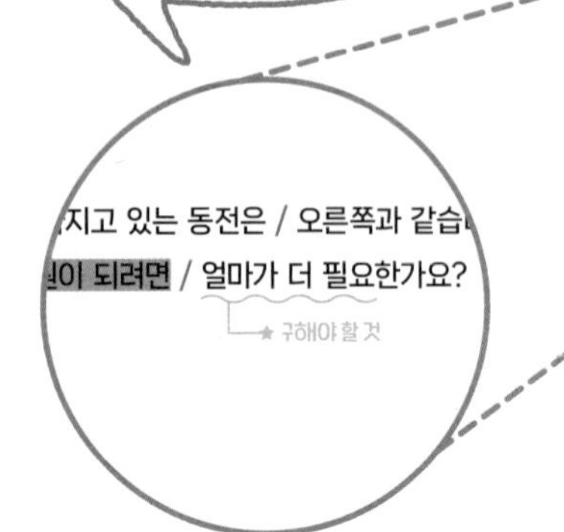

지고 있는 동전은 / 오른쪽과 같습니
원이 되려면 / 얼마가 더 필요한가요?
구해야 할 것

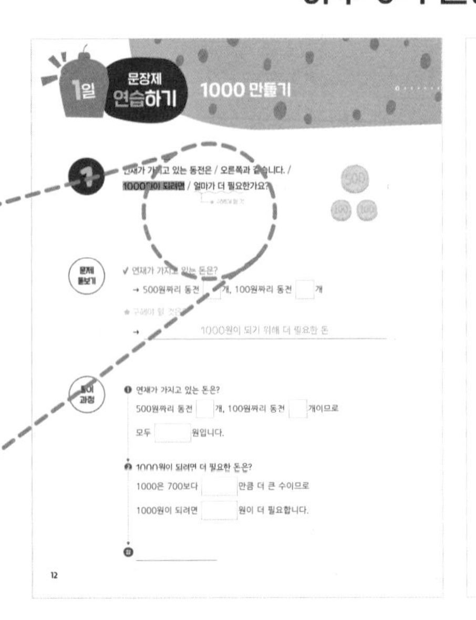

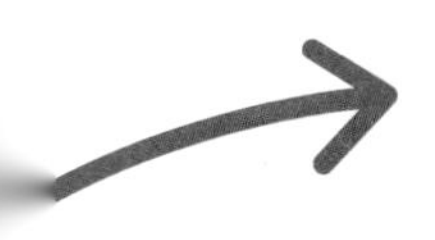

실력 확인하기

단원별 마무리와 총정리 실력 평가

• 단원 마무리 •

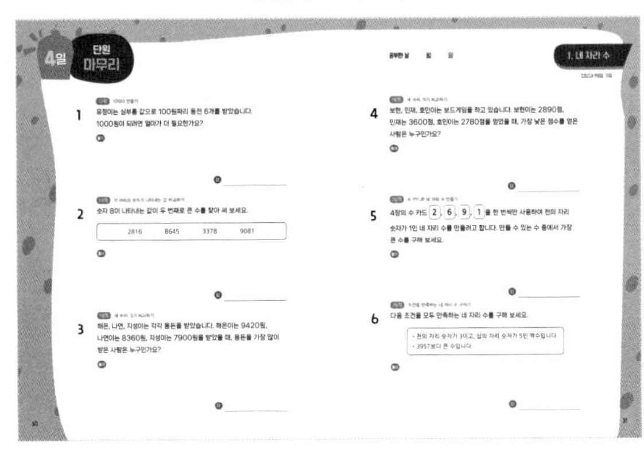

• 실력 평가 •

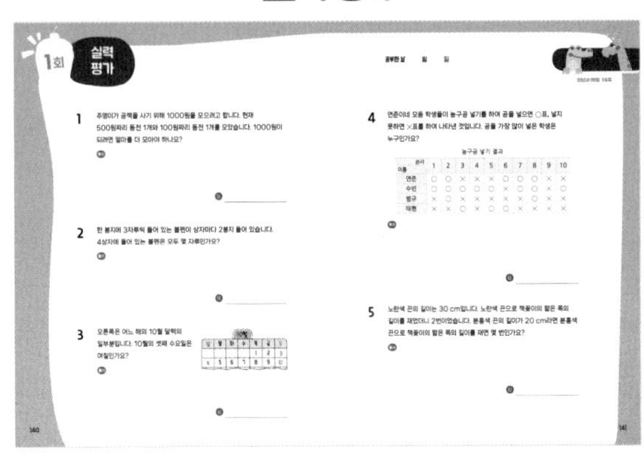

앞에서 배웠던 문장제를 풀면서 실력을 확인해요. 마지막 도전 문제까지 성공하면 최고!

한 권을 모두 끝낸 후엔 실력 평가로 내 실력을 점검해요!

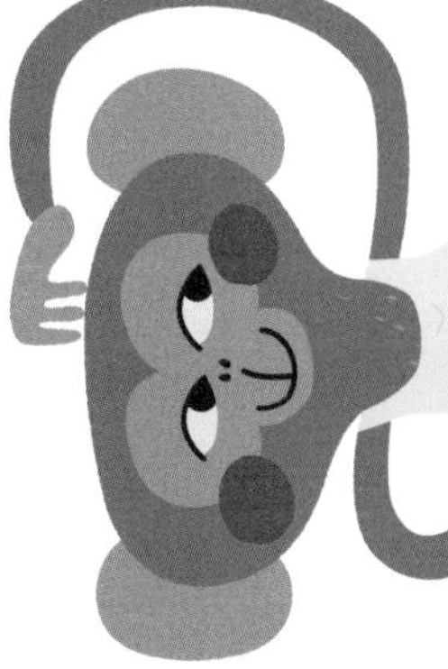

정답과 해설

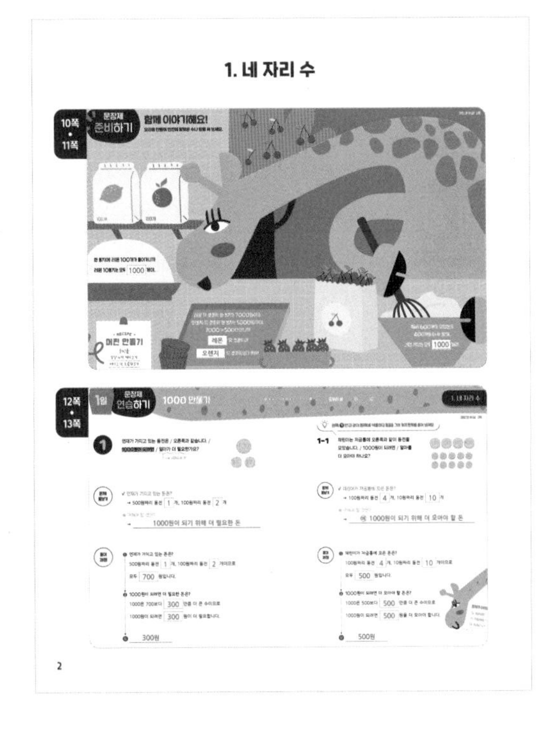

정답과 해설을 빠르게 확인하고, 틀린 문제는 다시 풀어요! QR을 찍으면 모바일로도 정답을 확인할 수 있어요.

차례

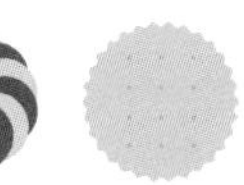

1 네 자리 수

내 몸의 무늬를
색칠하여 꾸며 봐!

· 1000 만들기
· 각 자리의 숫자가 나타내는 값 비교하기

· 세 수의 크기 비교하기
· 수 카드로 네 자리 수 만들기

· □ 안에 들어갈 수 있는 수 구하기
· 조건을 만족하는 네 자리 수 구하기

4일

단원 마무리

함께 이야기해요!

요리를 만들며 빈칸에 알맞은 수나 말을 써 보세요.

한 봉지에 레몬 100개가 들어가니까

레몬 10봉지는 모두 [ ] 개야.

레몬 맛 초콜릿 한 봉지는 7000원이고,

오렌지 맛 초콜릿 한 봉지는 5000원이야.

7000 > 5000이니까

[ ] 맛 초콜릿이

[ ] 맛 초콜릿보다 비싸.

* RECIPE *

머핀 만들기

준비물

달걀 4개, 체리 2개

버터 2개, 초콜릿 5개

체리 600개가 있었는데
400개를 더 사 왔어.
그럼 체리는 모두 ☐ 개야.

1000 만들기

연재가 가지고 있는 동전은 / 오른쪽과 같습니다. / 1000원이 되려면 / 얼마가 더 필요한가요?

★ 구해야 할 것

문제 돋보기

✔ 연재가 가지고 있는 돈은?

→ 500원짜리 동전 ☐개, 100원짜리 동전 ☐개

★ 구해야 할 것은?

→ 1000원이 되기 위해 더 필요한 돈

풀이 과정

❶ 연재가 가지고 있는 돈은?

500원짜리 동전 ☐개, 100원짜리 동전 ☐개이므로

모두 ☐원입니다.

❷ 1000원이 되려면 더 필요한 돈은?

1000은 700보다 ☐만큼 더 큰 수이므로

1000원이 되려면 ☐원이 더 필요합니다.

답 ____________

정답과 해설 2쪽

왼쪽 ❶번과 같이 문제에 색칠하고 밑줄을 그어 가며 문제를 풀어 보세요.

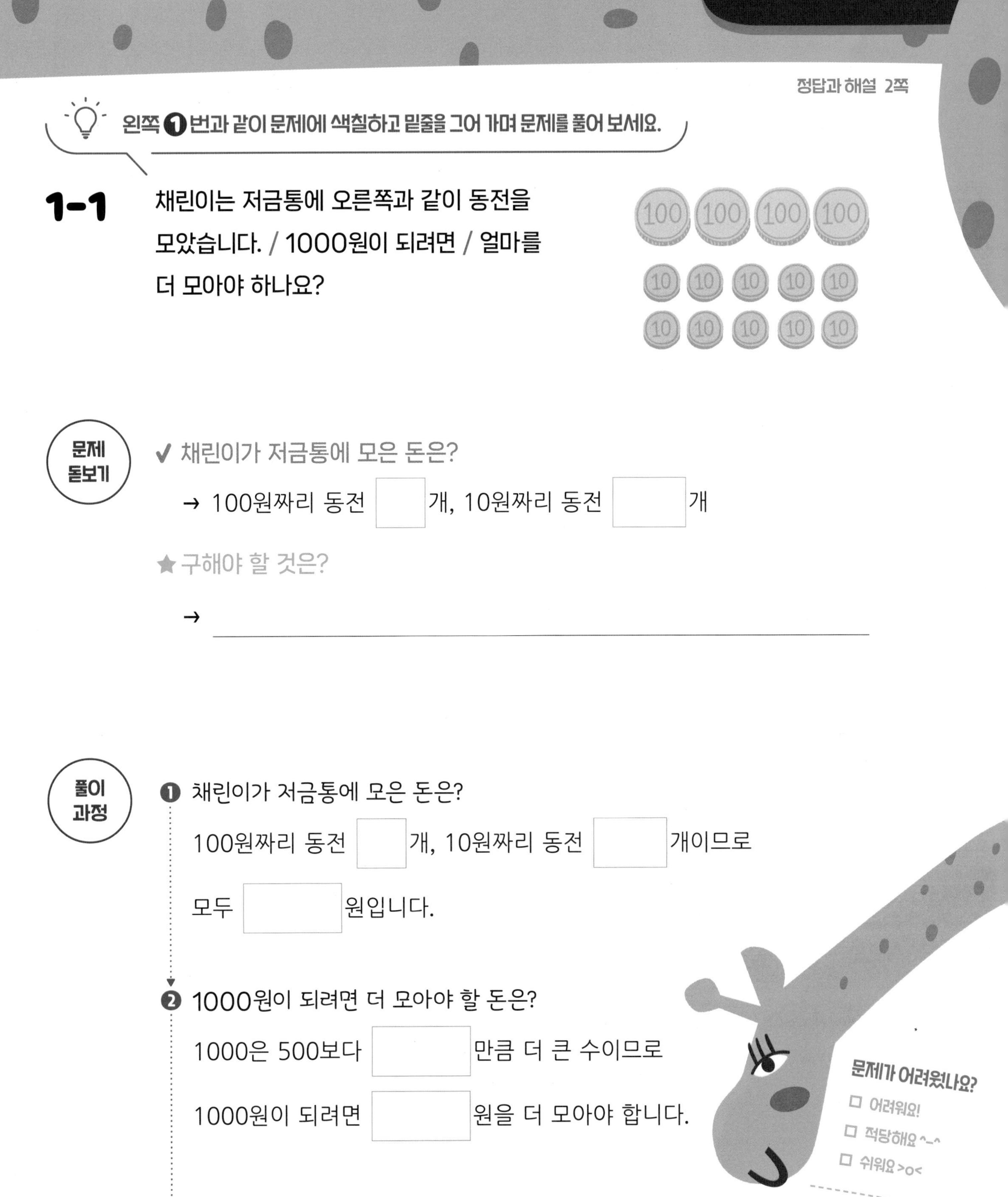

1-1 채린이는 저금통에 오른쪽과 같이 동전을 모았습니다. / 1000원이 되려면 / 얼마를 더 모아야 하나요?

문제 돋보기

✔ 채린이가 저금통에 모은 돈은?

→ 100원짜리 동전 ☐개, 10원짜리 동전 ☐개

★ 구해야 할 것은?

→ ______

풀이 과정

❶ 채린이가 저금통에 모은 돈은?

100원짜리 동전 ☐개, 10원짜리 동전 ☐개이므로

모두 ☐원입니다.

❷ 1000원이 되려면 더 모아야 할 돈은?

1000은 500보다 ☐만큼 더 큰 수이므로

1000원이 되려면 ☐원을 더 모아야 합니다.

답 ______

각 자리의 숫자가 나타내는 값 비교하기

숫자 7이 나타내는 값이 / 가장 큰 수를 찾아 써 보세요.

★ 구해야 할 것

8374	2764	7235	9017

문제 돋보기

✔ 주어진 수에서 숫자 7을 찾아 밑줄을 그으면?

→ 8374, 2764, 7235, 9017

★ 구해야 할 것은?

→ 숫자 7이 나타내는 값이 가장 큰 수

풀이 과정

❶ 각 네 자리 수에서 숫자 7이 나타내는 값은?

83_7_4 ⇨ ☐, 2_7_64 ⇨ ☐,

_7_235 ⇨ ☐, 901_7_ ⇨ ☐

❷ 숫자 7이 나타내는 값이 가장 큰 수는?

위 ❶에서 숫자 7이 나타내는 값이 가장 큰 수는 ☐입니다.

답 ____________

정답과 해설 3쪽

왼쪽 ❷번과 같이 문제에 색칠하고 밑줄을 그어 가며 문제를 풀어 보세요.

2-1 숫자 5가 나타내는 값이 / 가장 큰 수와 가장 작은 수를 / 각각 찾아 차례대로 써 보세요.

5284	9185	6457	1521

✔ 주어진 수에서 숫자 5를 찾아 밑줄을 그으면?

→ 5284, 9185, 6457, 1521

★ 구해야 할 것은?

→ ______________________

풀이 과정

❶ 각 네 자리 수에서 숫자 5가 나타내는 값은?

5284 ⇨ [ ], 9185 ⇨ [ ],

6457 ⇨ [ ], 1521 ⇨ [ ]

❷ 숫자 5가 나타내는 값이 가장 큰 수와 가장 작은 수를 각각 구하면?

위 ❶에서 숫자 5가 나타내는 값이 가장 큰 수는 [ ], 가장 작은 수는 [ ]입니다.

답 ____________, ____________

◆ 1000 만들기

◆ 각 자리의 숫자가 나타내는 값 비교하기

문제를 읽고 '연습하기'에서 했던 것처럼 밑줄을 그어 가며 문제를 풀어 보세요.

1 선우는 500원짜리 동전 1개와 100원짜리 동전 3개를 가지고 있습니다. 1000원이 되려면 얼마가 더 필요한가요?

❶ 선우가 가지고 있는 돈은?

❷ 1000원이 되려면 더 필요한 돈은?

답 ______________

2 숫자 2가 나타내는 값이 가장 큰 수를 찾아 써 보세요.

1828	2795	7264	4832

❶ 각 네 자리 수에서 숫자 2가 나타내는 값은?

❷ 숫자 2가 나타내는 값이 가장 큰 수는?

답 ______________

정답과 해설 3쪽

3 공책이 100권씩 9묶음, 10권씩 7묶음 있습니다. 1000권이 되려면 몇 권이 더 필요한가요?

❶ 공책의 수는?

❷ 1000권이 되려면 더 필요한 공책의 수는?

답 ______________

4 지영이네 모둠은 제비뽑기를 하여 뽑은 수에서 숫자 3이 나타내는 값이 가장 작은 사람이 청소 당번을 하기로 했습니다. 다음 중 청소 당번은 누구인가요?

지영: 2357　　이수: 1493　　겨레: 6832　　민규: 3657

❶ 숫자 3이 나타내는 값이 가장 작은 수는?

❷ 청소 당번은?

답 ______________

2일 문장제 연습하기

세 수의 크기 비교하기

1 주현, 한솔, 샛별이가 각각 통장에 저금을 하였습니다. / 주현이는 8750원, / 한솔이는 5720원, / 샛별이는 4600원을 저금했을 때, / 저금한 돈이 가장 많은 사람은 누구인가요?

★ 구해야 할 것

문제 돋보기

✔ 주현, 한솔, 샛별이가 각각 저금한 돈은?

→ 주현: ☐원, 한솔: ☐원, 샛별: ☐원

★ 구해야 할 것은?

→ 저금한 돈이 가장 많은 사람

풀이 과정

❶ 세 사람이 저금한 금액을 비교하면?

☐ > ☐ > ☐

❷ 저금한 돈이 가장 많은 사람은?

저금한 돈이 가장 많은 사람은 ☐원을 저금한 ☐입니다.

답 ______

정답과 해설 4쪽

왼쪽 ❶번과 같이 문제에 색칠하고 밑줄을 그어 가며 문제를 풀어 보세요.

1-1 유빈, 가은, 하영이는 / 각각 가지고 있는 리본의 길이를 재었습니다. / 리본의 길이가 유빈이는 2570 cm, / 가은이는 1260 cm, / 하영이는 3840 cm일 때, / 가장 짧은 리본을 가지고 있는 사람은 누구인가요?

문제 돋보기

✔ 유빈, 가은, 하영이가 각각 가지고 있는 리본의 길이는?

→ 유빈: ☐ cm, 가은: ☐ cm,

하영: ☐ cm

★ 구해야 할 것은?

→ ______________________

풀이 과정

❶ 세 사람이 가지고 있는 리본의 길이를 비교하면?

☐ < ☐ < ☐

❷ 가장 짧은 리본을 가지고 있는 사람은?

가장 짧은 리본을 가지고 있는 사람은

리본의 길이가 ☐ cm인

☐ 입니다.

답 ______________

수 카드로 네 자리 수 만들기

2 5장의 수 카드 1, 2, 3, 5, 8 중에서 / 4장을 골라 한 번씩만 사용하여 / 천의 자리 숫자가 1인 / 네 자리 수를 만들려고 합니다. / 만들 수 있는 수 중에서 / 가장 큰 수를 구해 보세요.

★ 구해야 할 것

문제 돋보기

✔ 만들려는 수는? → 천의 자리 숫자가 ☐인 네 자리 수

✔ 수 카드를 골라 가장 큰 네 자리 수를 만들려면?

→ 높은 자리부터 (큰 , 작은) 수를 차례대로 놓습니다.

알맞은 말에 ○표 하기

★ 구해야 할 것은?

→ 천의 자리 숫자가 1인 가장 큰 네 자리 수

풀이 과정

❶ 수 카드의 수의 크기를 비교하면?

☐ > ☐ > ☐ > ☐ > ☐

❷ 천의 자리 숫자가 1인 가장 큰 네 자리 수는?

☐을(를) 제외한 남은 수 중에서 큰 수부터 백, 십, 일의 자리에

차례대로 놓으면 ☐☐☐☐입니다.

답 ________

정답과 해설 4쪽

왼쪽 ❷번과 같이 문제에 색칠하고 밑줄을 그어 가며 문제를 풀어 보세요.

2-1 4장의 수 카드 [9], [5], [2], [3]을 / 한 번씩만 사용하여 / 백의 자리 숫자가 3인 / 네 자리 수를 만들려고 합니다. / 만들 수 있는 수 중에서 / 가장 작은 수를 구해 보세요.

문제 돋보기

✔ 만들려는 수는? → 백의 자리 숫자가 ☐인 네 자리 수

✔ 수 카드를 골라 가장 작은 네 자리 수를 만들려면?

→ 높은 자리부터 (큰 , 작은) 수를 차례대로 놓습니다.

★ 구해야 할 것은?

→ ____________________

풀이 과정

❶ 수 카드의 수의 크기를 비교하면?

☐ < ☐ < ☐ < ☐

❷ 백의 자리 숫자가 3인 가장 작은 네 자리 수는?

☐을(를) 제외한 남은 수 중에서 작은 수부터 천, 십, 일의 자리에 차례대로 놓으면 ☐☐☐☐입니다.

답 ____________

◆ 세 수의 크기 비교하기
◆ 수 카드로 네 자리 수 만들기

문제를 읽고 '연습하기'에서 했던 것처럼 밑줄을 그어 가며 문제를 풀어 보세요.

1 효정이는 문구점에서 4500원짜리 연습장, 1850원짜리 볼펜, 1200원짜리 지우개를 샀습니다. 가장 비싼 것은 무엇인가요?

❶ 연습장, 볼펜, 지우개의 금액을 비교하면?

❷ 가장 비싼 것은?

답 ______________

2 4장의 수 카드 [3], [1], [4], [7]을 한 번씩만 사용하여 십의 자리 숫자가 7인 네 자리 수를 만들려고 합니다. 만들 수 있는 수 중에서 가장 큰 수를 구해 보세요.

❶ 수 카드의 수의 크기를 비교하면?

❷ 십의 자리 숫자가 7인 가장 큰 네 자리 수는?

답 ______________

정답과 해설 5쪽

3 지리산의 높이는 1915 m, 한라산의 높이는 1947 m, 백두산의 높이는 2750 m 입니다. 높이가 가장 낮은 산은 무엇인가요?

❶ 세 산의 높이를 비교하면?

❷ 높이가 가장 낮은 산은?

답 ____________________

4 5장의 수 카드 [2], [7], [8], [6], [0] 중에서 4장을 골라 한 번씩만 사용하여 백의 자리 숫자가 6인 네 자리 수를 만들려고 합니다. 만들 수 있는 수 중에서 가장 작은 수를 구해 보세요.

❶ 수 카드의 수의 크기를 비교하면?

❷ 백의 자리 숫자가 6인 가장 작은 네 자리 수는?

답 ____________________

3일 문장제 연습하기

□ 안에 들어갈 수 있는 수 구하기

네 자리 수의 크기를 비교했습니다. /
0부터 9까지의 수 중에서 /
□ 안에 들어갈 수 있는 / 가장 큰 수를 구해 보세요.

★ 구해야 할 것

2406>2□96

문제 돋보기

✔ □ 안에 들어갈 수 있는 수의 범위는?

→ □부터 □까지의 수

✔ 2□96은 어떤 수?

→ 2□96은 □보다 작은 수입니다.

★ 구해야 할 것은?

→ □ 안에 들어갈 수 있는 가장 큰 수

풀이 과정

❶ □ 안에 들어갈 수 있는 수를 모두 구하면?

2406과 2□96은 천의 자리 숫자가 같고, 십의 자리 숫자를 비교하면

0<□이므로 □ 안에는 □보다 작은 □, □, □, □ 이(가) 들어갈 수 있습니다.

❷ □ 안에 들어갈 수 있는 가장 큰 수는?

□ 안에 들어갈 수 있는 가장 큰 수는 □입니다.

답 ______

정답과 해설 5쪽

왼쪽 ❶번과 같이 문제에 색칠하고 밑줄을 그어 가며 문제를 풀어 보세요.

1-1 네 자리 수의 크기를 비교했습니다. / 1부터 9까지의 수 중에서 / □ 안에 들어갈 수 있는 수는 / 모두 몇 개인가요?

6854>□869

문제 돋보기

✔ □ 안에 들어갈 수 있는 수의 범위는?

→ □ 부터 □ 까지의 수

✔ □869는 어떤 수?

→ □869는 □ 보다 작은 수입니다.

★ 구해야 할 것은?

→ ______

풀이 과정

❶ □ 안에 들어갈 수 있는 수를 모두 구하면?

6854와 □869는 백의 자리 숫자가 같고, 십의 자리 숫자를 비교하면 5<6이므로 □ 안에는 □ 보다 작은 □, □, □, □, □ 이(가) 들어갈 수 있습니다.

❷ □ 안에 들어갈 수 있는 수는 모두 몇 개?

□ 안에 들어갈 수 있는 수는 모두 □ 개입니다.

답 ______

문제가 어려웠나요?

□ 어려워요!

□ 적당해요 ^_^

□ 쉬워요 >o<

문장제 연습하기

조건을 만족하는 네 자리 수 구하기

하니는 어린이 요리 대회에 참가하려고 합니다. /
하니의 참가 번호는 / 3000보다 크고 4000보다 작은 수 중에서 /
백의 자리 숫자는 7, / 십의 자리 숫자는 1, /
일의 자리 숫자는 / 백의 자리 숫자보다 2만큼 더 큰 수입니다. /
하니의 참가 번호는 몇 번인가요?

★ 구해야 할 것

문제 돋보기

✔ 하니의 참가 번호는?

→ 3000보다 크고 ☐보다 작은 수,

백의 자리 숫자는 ☐, 십의 자리 숫자는 ☐,

일의 자리 숫자는 백의 자리 숫자보다 ☐만큼 더 큰 수

★ 구해야 할 것은?

→ 하니의 참가 번호

풀이 과정

❶ 하니의 참가 번호의 천의 자리 숫자와 일의 자리 숫자는?

천의 자리 숫자: ☐

일의 자리 숫자: 7+☐=☐

❷ 하니의 참가 번호는?

천	백	십	일
☐	☐	☐	☐

하니의 참가 번호는 ☐☐☐☐입니다.

답 ________

정답과 해설 6쪽

왼쪽 ❷번과 같이 문제에 색칠하고 밑줄을 그어 가며 문제를 풀어 보세요.

2-1 시은이는 바둑 대회에 참가하려고 합니다. / 시은이의 참가 번호는 / 7000보다 크고 8000보다 작은 수 중에서 / 백의 자리 숫자는 천의 자리 숫자와 같고, / 십의 자리 숫자는 8, / 일의 자리 숫자는 / 백의 자리 숫자보다 2만큼 더 작은 수입니다. / 시은이의 참가 번호는 몇 번인가요?

문제 돋보기

✔ 시은이의 참가 번호는?

→ 7000보다 크고 ☐ 보다 작은 수,

백의 자리 숫자는 ☐ 의 자리 숫자와 같고, 십의 자리 숫자는 ☐ ,

일의 자리 숫자는 백의 자리 숫자보다 ☐ 만큼 더 작은 수

★ 구해야 할 것은?

→ ______________________

풀이 과정

❶ 시은이의 참가 번호의 천, 백, 일의 자리 숫자는?

천의 자리 숫자: ☐ , 백의 자리 숫자: ☐ ,

일의 자리 숫자: ☐ $-2=$ ☐

❷ 시은이의 참가 번호는?

	천	백	십	일	
시은이의 참가 번호는	☐	☐	☐	☐	입니다.

답 ______________

◆ □ 안에 들어갈 수 있는 수 구하기
◆ 조건을 만족하는 네 자리 수 구하기

문제를 읽고 '연습하기'에서 했던 것처럼 밑줄을 그어 가며 문제를 풀어 보세요.

1 네 자리 수의 크기를 비교했습니다. 0부터 9까지의 수 중에서 □ 안에 들어갈 수 있는 가장 큰 수를 구해 보세요.

913□ < 9136

❶ □ 안에 들어갈 수 있는 수를 모두 구하면?

❷ □ 안에 들어갈 수 있는 가장 큰 수는?

답 ____________

2 다음 조건을 모두 만족하는 네 자리 수를 구해 보세요.

- 4000보다 크고 5000보다 작은 수입니다.
- 백의 자리 숫자는 2, 십의 자리 숫자는 3입니다.
- 일의 자리 숫자는 천의 자리 숫자보다 3만큼 더 큰 수입니다.

❶ 천의 자리 숫자와 일의 자리 숫자는?

❷ 조건을 모두 만족하는 네 자리 수는?

답 ____________

정답과 해설 6쪽

3 종이에 네 자리 수가 적혀 있는데 십의 자리 숫자가 지워져 보이지 않습니다. 종이에 적힌 수 46□8은 4645보다 작은 수일 때, 0부터 9까지의 수 중에서 □ 안에 들어갈 수 있는 수는 모두 몇 개인가요?

❶ □ 안에 들어갈 수 있는 수를 모두 구하면?

❷ □ 안에 들어갈 수 있는 수는 모두 몇 개?

답 ____________________

4 8750보다 크고 8800보다 작은 네 자리 수 중에서 십의 자리 숫자와 일의 자리 숫자가 같은 수는 모두 몇 개인가요?

❶ 십의 자리 숫자와 일의 자리 숫자가 될 수 있는 수는?

❷ 조건에 맞는 네 자리 수는 모두 몇 개?

답 ____________________

4일

단원 마무리

12쪽 1000 만들기

1 유정이는 심부름 값으로 100원짜리 동전 6개를 받았습니다. 1000원이 되려면 얼마가 더 필요한가요?

풀이

답 ______

14쪽 각 자리의 숫자가 나타내는 값 비교하기

2 숫자 8이 나타내는 값이 두 번째로 큰 수를 찾아 써 보세요.

2816	8645	3378	9081

풀이

답 ______

18쪽 세 수의 크기 비교하기

3 해은, 나연, 지성이는 각각 용돈을 받았습니다. 해은이는 9420원, 나연이는 8360원, 지성이는 7900원을 받았을 때, 용돈을 가장 많이 받은 사람은 누구인가요?

풀이

답 ______

정답과 해설 7쪽

18쪽 세 수의 크기 비교하기

4 보현, 민재, 호민이는 보드게임을 하고 있습니다. 보현이는 2890점, 민재는 3600점, 호민이는 2780점을 얻었을 때, 가장 낮은 점수를 얻은 사람은 누구인가요?

풀이

답 ____________

20쪽 수 카드로 네 자리 수 만들기

5 4장의 수 카드 2, 6, 9, 1을 한 번씩만 사용하여 천의 자리 숫자가 1인 네 자리 수를 만들려고 합니다. 만들 수 있는 수 중에서 가장 큰 수를 구해 보세요.

풀이

답 ____________

26쪽 조건을 만족하는 네 자리 수 구하기

6 다음 조건을 모두 만족하는 네 자리 수를 구해 보세요.

- 천의 자리 숫자가 3이고, 십의 자리 숫자가 5인 짝수입니다.
- 3957보다 큰 수입니다.

풀이

답 ____________

단원 마무리

24쪽 □ 안에 들어갈 수 있는 수 구하기

7 네 자리 수의 크기를 비교했습니다. 0부터 9까지의 수 중에서 □ 안에 들어갈 수 있는 가장 작은 수를 구해 보세요.

7□51 > 7458

풀이

탑 ______________

20쪽 수 카드로 네 자리 수 만들기

8 4장의 수 카드 7, 0, 2, 4 를 한 번씩만 사용하여 네 자리 수를 만들려고 합니다. 천의 자리 숫자가 2인 홀수는 모두 몇 개인가요?

풀이

탑 ______________

24쪽 □ 안에 들어갈 수 있는 수 구하기

9 종이에 네 자리 수가 적혀 있는데 십의 자리 숫자가 지워져 보이지 않습니다. 종이에 적힌 수 41□7은 4119보다 작은 수일 때, □ 안에 들어갈 수 있는 수들의 합을 구해 보세요.

풀이

탑 ______________

정답과 해설 7쪽

26쪽 조건을 만족하는 네 자리 수 구하기

은채의 사물함 비밀번호는 다음 조건을 모두 만족하는 네 자리 수입니다. 은채의 사물함 비밀번호는 무엇인가요?

- 천의 자리 숫자는 5보다 크고 7보다 작은 수입니다.
- 백의 자리 숫자는 천의 자리 수보다 2만큼 더 큰 수입니다.
- 십의 자리 숫자는 백의 자리 숫자보다 3만큼 더 작은 수입니다.
- 일의 자리 숫자는 4입니다.

❶ 천의 자리 숫자는?

❷ 백의 자리 숫자는?

❸ 십의 자리 숫자는?

❹ 은채의 사물함 비밀번호는?

답 ______________

정답과 해설 39쪽에 붙이면 동물들이 식탁을 완성할 수 있어요!

2 곱셈구구

내 배를 색칠하여
재미있게 꾸며 봐!

5일

· 모두 몇 개인지 구하기

· 수 카드로 곱셈식을 만들어 곱 구하기

6일

· 바르게 계산한 값 구하기

· 곱이 같은 여러 가지 곱셈식 구하기

7일

단원 마무리

함께 이야기해요!

요리를 만들며 빈칸에 알맞은 수를 써 보세요.

사탕이 한 병에 4개씩 들어 있어.
5병에 들어 있는 사탕은 모두

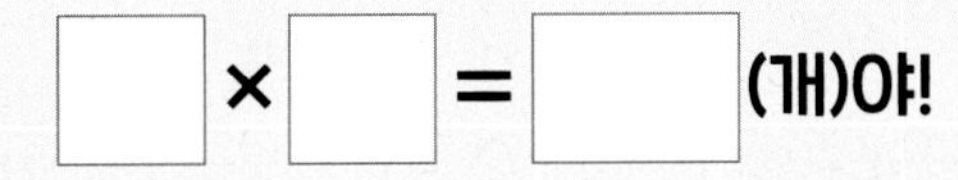

☐ × ☐ = ☐(개)야!

햄버거 한 개를 만드는 데 빵 2개가 들어가니까
햄버거 4개를 만들려면 빵은 모두

☐ × ☐ = ☐(개) 필요해.

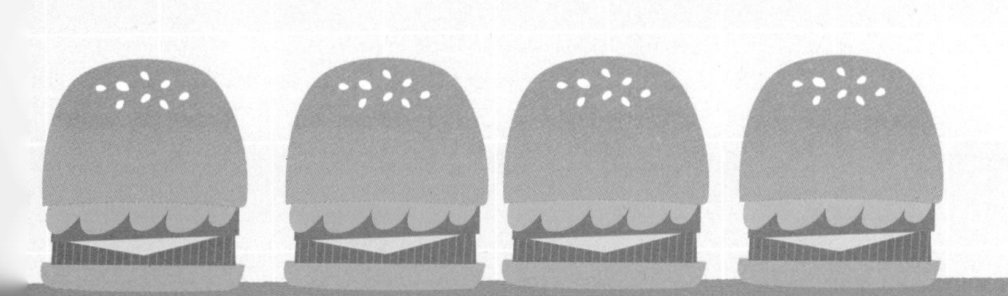

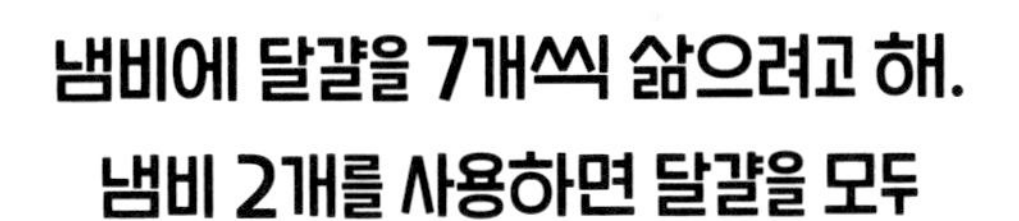

냄비에 달걀을 7개씩 삶으려고 해.
냄비 2개를 사용하면 달걀을 모두

☐ × ☐ = ☐(개) 삶을 수 있어.

모두 몇 개인지 구하기

한 봉지에 3개씩 들어 있는 크림빵이 /
상자마다 2봉지 들어 있습니다. /
5상자에 들어 있는 크림빵은 / 모두 몇 개인가요?

★ 구해야 할 것

문제 돋보기

✔ 한 상자에 들어 있는 크림빵은?

→ 한 봉지에 ☐ 개씩 ☐ 봉지

★ 구해야 할 것은?

→ 5상자에 들어 있는 크림빵의 수

풀이 과정

❶ 한 상자에 들어 있는 크림빵의 수는?

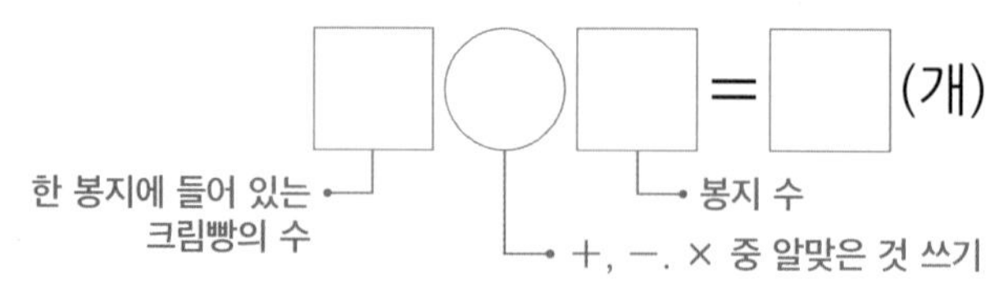

❷ 5상자에 들어 있는 크림빵의 수는?

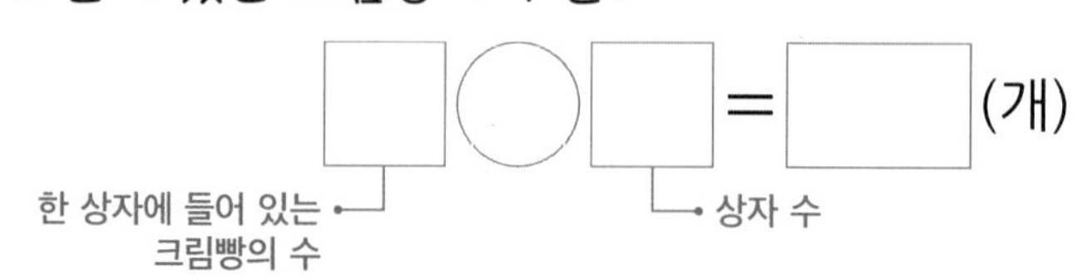

답 ______

정답과 해설 8쪽

왼쪽 ❶번과 같이 문제에 색칠하고 밑줄을 그어 가며 문제를 풀어 보세요.

1-1 탁구공이 한 상자에 3개씩 / 3줄 들어 있습니다. / 4상자에 들어 있는 탁구공은 / 모두 몇 개인가요?

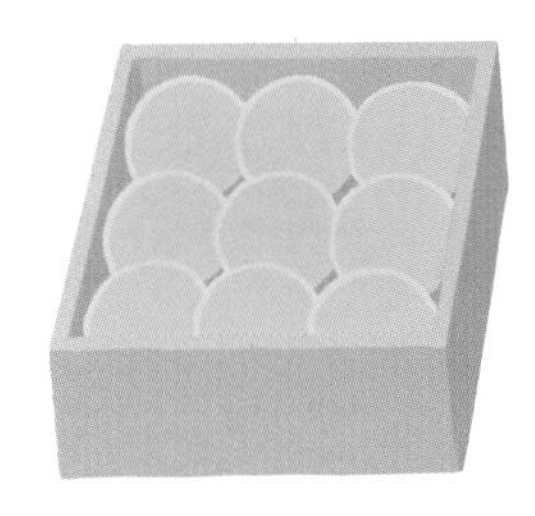

문제 돋보기

✔ 한 상자에 들어 있는 탁구공은?

→ □개씩 □줄

★ 구해야 할 것은?

→ ______

풀이 과정

❶ 한 상자에 들어 있는 탁구공의 수는?

□ ○ □ = □(개)

❷ 4상자에 들어 있는 탁구공의 수는?

□ ○ □ = □(개)

답 ______

문제가 어려웠나요?

□ 어려워요!

□ 적당해요 ^-^

□ 쉬워요 >o<

수 카드로 곱셈식을 만들어 곱 구하기

3장의 수 카드 2, 4, 5 중에서 /

2장을 뽑아 한 번씩만 사용하여 / 곱셈식을 만들 때, /

가장 큰 곱은 얼마인가요?

★ 구해야 할 것

문제 돋보기

★ 구해야 할 것은?

→ 수 카드 2장으로 곱셈식을 만들 때, 가장 큰 곱

✔ 수 카드 2장으로 곱이 가장 큰 곱셈식을 만들려면?

→ (가장 (큰 , 작은) 수) × (두 번째로 (큰 , 작은) 수)를 구합니다.

알맞은 말에 ○표 하기

풀이 과정

❶ 수 카드의 수의 크기를 비교하면?

☐ > ☐ > ☐ 이므로 가장 큰 수는 ☐ 이고,

두 번째로 큰 수는 ☐ 입니다.

❷ 가장 큰 곱은?

☐ ○ ☐ = ☐

답 ____________

정답과 해설 9쪽

왼쪽 ❷번과 같이 문제에 색칠하고 밑줄을 그어 가며 문제를 풀어 보세요.

2-1

3장의 수 카드 [3], [6], [7] 중에서 / 2장을 뽑아 한 번씩만 사용하여 / 곱셈식을 만들 때, / 가장 작은 곱은 얼마인가요?

문제 돋보기

★ 구해야 할 것은?

→ ______________________

✔ 수 카드 2장으로 곱이 가장 작은 곱셈식을 만들려면?

→ (가장 (큰 , 작은) 수)×(두 번째로 (큰 , 작은) 수)를 구합니다.

풀이 과정

❶ 수 카드의 수의 크기를 비교하면?

□ < □ < □ 이므로 가장 작은 수는 □ 이고,

두 번째로 작은 수는 □ 입니다.

❷ 가장 작은 곱은?

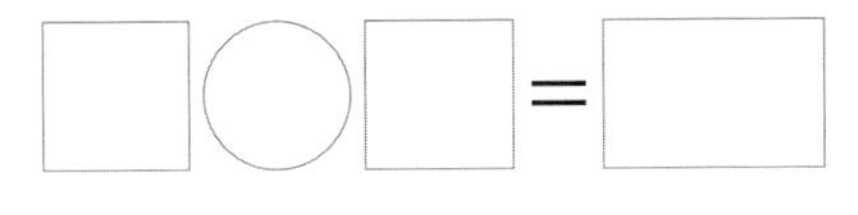

□ ○ □ = □

답 ______________________

문제가 어려웠나요?

□ 어려워요!

□ 적당해요 ^-^

□ 쉬워요 >o<

◆ 모두 몇 개인지 구하기

◆ 수 카드로 곱셈식을 만들어 곱 구하기

문제를 읽고 '연습하기'에서 했던 것처럼 밑줄을 그어 가며 문제를 풀어 보세요.

1 한 봉지에 2개씩 들어 있는 젤리가 상자마다 3봉지 들어 있습니다. 6상자에 들어 있는 젤리는 모두 몇 개인가요?

❶ 한 상자에 들어 있는 젤리의 수는?

❷ 6상자에 들어 있는 젤리의 수는?

답 ____________

2 3장의 수 카드 [5], [1], [6] 중에서 2장을 뽑아 한 번씩만 사용하여 곱셈식을 만들 때, 가장 큰 곱은 얼마인가요?

❶ 수 카드의 수의 크기를 비교하면?

❷ 가장 큰 곱은?

답 ____________

정답과 해설 9쪽

3 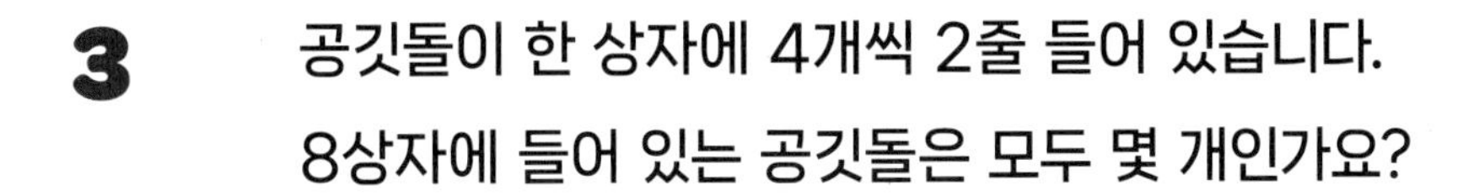

공깃돌이 한 상자에 4개씩 2줄 들어 있습니다.
8상자에 들어 있는 공깃돌은 모두 몇 개인가요?

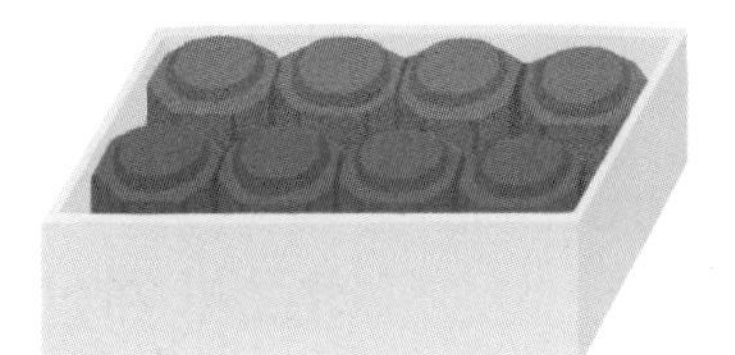

❶ 한 상자에 들어 있는 공깃돌의 수는?

❷ 8상자에 들어 있는 공깃돌의 수는?

답 ____________________

4 4장의 수 카드 [4], [9], [7], [8] 중에서 2장을 뽑아 한 번씩만 사용하여 곱셈식을 만들 때, 가장 작은 곱은 얼마인가요?

❶ 수 카드의 수의 크기를 비교하면?

❷ 가장 작은 곱은?

답 ____________________

바르게 계산한 값 구하기

1

어떤 수에 5를 곱해야 할 것을 / 잘못하여 더했더니 130이 되었습니다. / 바르게 계산한 값은 얼마인가요?

→ ★ 구해야 할 것

문제 돋보기

✔ 잘못 계산한 식은? → (덧셈식 , 뺄셈식 , 곱셈식) → 알맞은 말에 ○표 하기

✔ 잘못 계산하여 나온 값은? → ☐

✔ 바르게 계산하려면? → 어떤 수에 ☐ 을(를) 곱합니다.

★ 구해야 할 것은?

→ 바르게 계산한 값

풀이 과정

❶ 어떤 수를 ■라 할 때, 잘못 계산한 식은?

■ + ☐ = ☐

❷ 어떤 수는?

■ = ☐ − ☐ = ☐

❸ 바르게 계산한 값은?

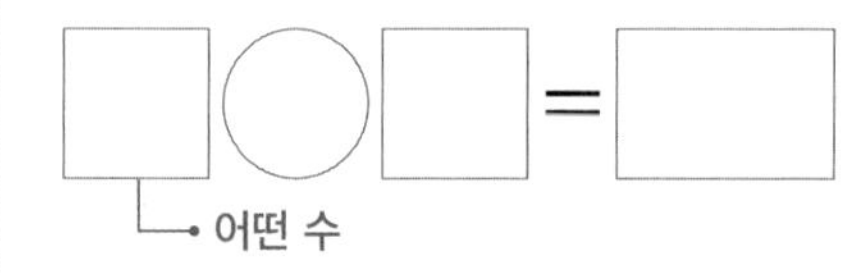

답 ____________

정답과 해설 10쪽

왼쪽 ❶번과 같이 문제에 색칠하고 밑줄을 그어 가며 문제를 풀어 보세요.

1-1

어떤 수에 6을 곱해야 할 것을 / 잘못하여 뺐더니 1이 되었습니다. / 바르게 계산한 값은 얼마인가요?

문제 돋보기

✔ 잘못 계산한 식은? → (덧셈식 , 뺄셈식 , 곱셈식)

✔ 잘못 계산하여 나온 값은? → □

✔ 바르게 계산하려면? → 어떤 수에 □을(를) 곱합니다.

★ 구해야 할 것은?

→ ______________________

풀이 과정

❶ 어떤 수를 ■라 할 때, 잘못 계산한 식은?

■ − □ = □

❷ 어떤 수는?

■ = □ + □ = □

❸ 바르게 계산한 값은?

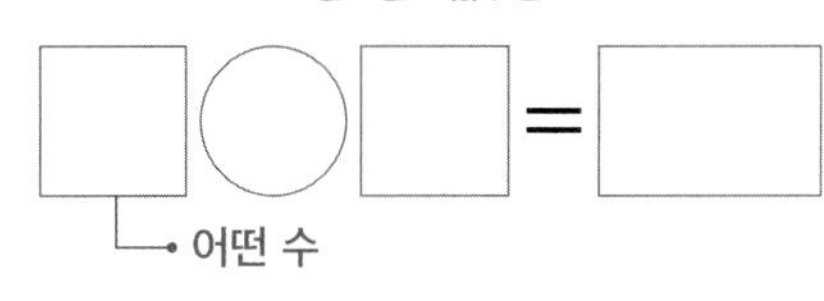

답 ______________

문제가 어려웠나요?

□ 어려워요!

□ 적당해요 ^-^

□ 쉬워요 >o<

곱이 같은 여러 가지 곱셈식 구하기

2

운동장에 학생들이 / 한 줄에 2명씩 8줄로 서 있습니다. /
이 학생들이 / 한 줄에 4명씩 다시 서면 /
몇 줄이 되나요?

★ 구해야 할 것

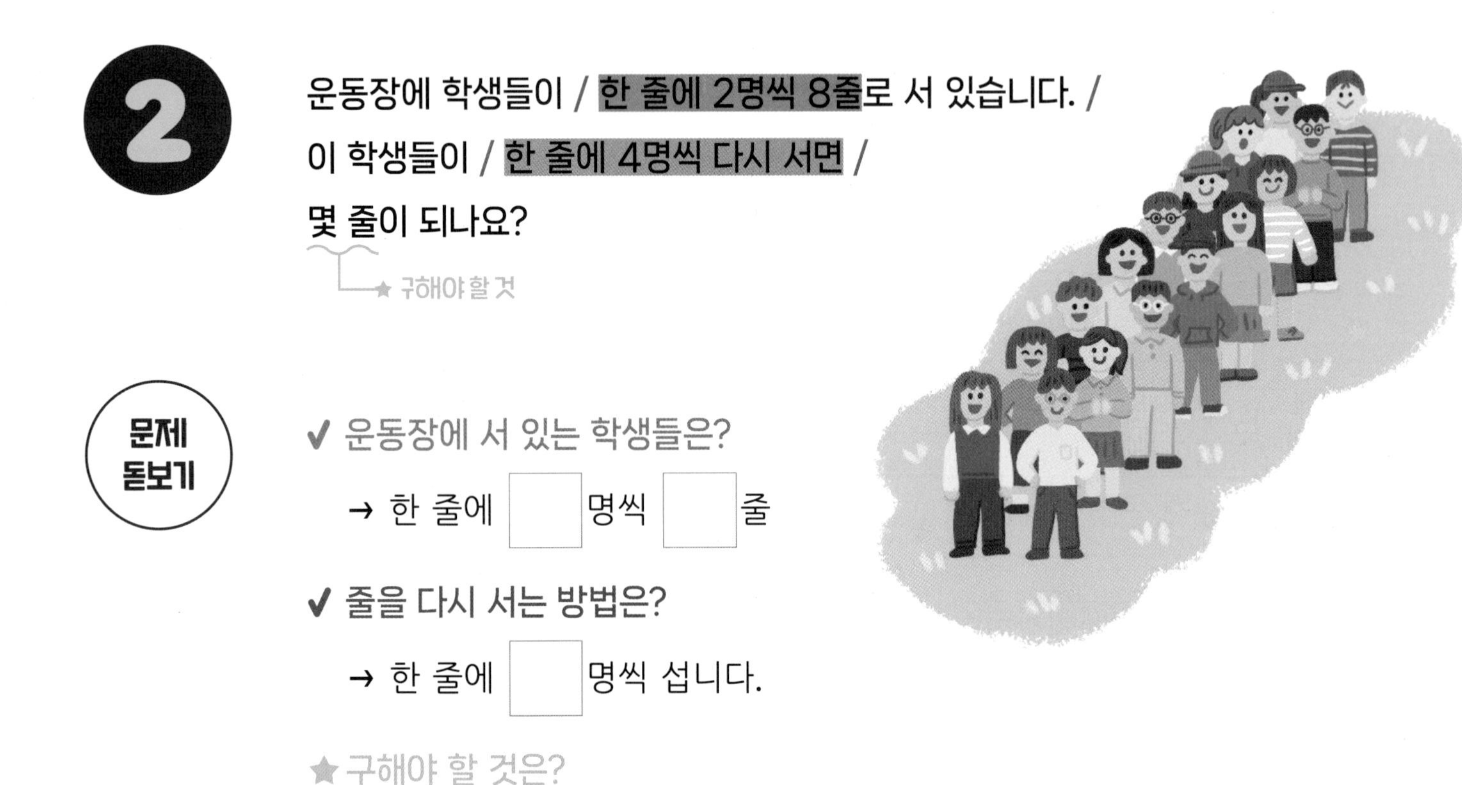

문제 돋보기

✔ 운동장에 서 있는 학생들은?

→ 한 줄에 ☐ 명씩 ☐ 줄

✔ 줄을 다시 서는 방법은?

→ 한 줄에 ☐ 명씩 섭니다.

★ 구해야 할 것은?

→ 한 줄에 4명씩 다시 설 때 줄 수

풀이 과정

❶ 운동장에 서 있는 학생 수는?

☐ ○ ☐ = ☐ (명)

❷ 한 줄에 4명씩 다시 설 때 줄 수는?

다시 설 때 줄 수를 ■라 하면 4×■ = ☐ 입니다.

4× ☐ = ☐ ⇨ ■ = ☐ 이므로

한 줄에 4명씩 다시 서면 ☐ 줄이 됩니다.

답 ______________

정답과 해설 10쪽

왼쪽 ❷번과 같이 문제에 색칠하고 밑줄을 그어 가며 문제를 풀어 보세요.

2-1

편의점 냉장고에 오렌지주스가 / 한 줄에 3병씩 6줄로 놓여 있습니다. / 이 오렌지주스를 / 한 줄에 2병씩 다시 놓으면 / 몇 줄이 되나요?

문제 돋보기

✔ 편의점 냉장고에 있는 오렌지주스는?

→ 한 줄에 ☐ 병씩 ☐ 줄

✔ 오렌지주스를 다시 놓는 방법은?

→ 한 줄에 ☐ 병씩 놓습니다.

★ 구해야 할 것은?

→ ______________________

풀이 과정

❶ 편의점 냉장고에 있는 오렌지주스의 수는?

☐ ○ ☐ = ☐ (병)

❷ 한 줄에 2병씩 다시 놓을 때 줄 수는?

다시 놓을 때 줄 수를 ■라 하면 2 × ■ = ☐ 입니다.

2 × ☐ = ☐ ⇨ ■ = ☐ 이므로

한 줄에 2병씩 다시 놓으면 ☐ 줄이 됩니다.

답 ______________

문제가 어려웠나요?

☐ 어려워요!

☐ 적당해요 ^-^

☐ 쉬워요 >o<

◆ 바르게 계산한 값 구하기
◆ 곱이 같은 여러 가지 곱셈식 구하기

문제를 읽고 '연습하기'에서 했던 것처럼 밑줄을 그어 가며 문제를 풀어 보세요.

1 어떤 수에 4를 곱해야 할 것을 잘못하여 더했더니 12가 되었습니다. 바르게 계산한 값은 얼마인가요?

❶ 어떤 수를 ▢라 할 때, 잘못 계산한 식은?

❷ 어떤 수는?

❸ 바르게 계산한 값은?

답 ________________

2 바둑판에 바둑돌이 한 줄에 4개씩 6줄로 놓여 있습니다. 이 바둑돌을 한 줄에 8개씩 다시 놓으면 몇 줄이 되나요?

❶ 바둑판에 놓여 있는 바둑돌의 수는?

❷ 한 줄에 8개씩 다시 놓을 때 줄 수는?

답 ________________

정답과 해설 11쪽

3 어떤 수에 7을 곱해야 할 것을 잘못하여 5를 곱했더니 45가 되었습니다. 바르게 계산한 값은 얼마인가요?

❶ 어떤 수를 ▢라 할 때, 잘못 계산한 식은?

❷ 어떤 수는?

❸ 바르게 계산한 값은?

답 ______________

4 공책이 한 묶음에 6권씩 2묶음 있습니다. 이 공책을 학생 한 명에게 3권씩 주면 몇 명에게 나누어 줄 수 있나요?

❶ 공책의 수는?

❷ 학생 한 명에게 3권씩 주면 나누어 줄 수 있는 학생 수는?

답 ______________

7일

단원 마무리

38쪽 모두 몇 개인지 구하기

1 한 봉지에 2개씩 들어 있는 구슬이 상자마다 3봉지 들어 있습니다. 7상자에 들어 있는 구슬은 모두 몇 개인가요?

풀이

답 ____________

40쪽 수 카드로 곱셈식을 만들어 곱 구하기

2 3장의 수 카드 8, 4, 1 중에서 2장을 뽑아 한 번씩만 사용하여 곱셈식을 만들 때, 가장 큰 곱은 얼마인가요?

풀이

답 ____________

38쪽 모두 몇 개인지 구하기

3 야구공이 한 상자에 4개씩 2줄 들어 있습니다. 6상자에 들어 있는 야구공은 모두 몇 개인가요?

풀이

답 ____________

정답과 해설 11쪽

40쪽 수 카드로 곱셈식을 만들어 곱 구하기

4 3장의 수 카드 6, 2, 9 중에서 2장을 뽑아 한 번씩만 사용하여 곱셈식을 만들 때, 가장 작은 곱은 얼마인가요?

풀이

답 ______

44쪽 바르게 계산한 값 구하기

5 어떤 수에 8을 곱해야 할 것을 잘못하여 더했더니 11이 되었습니다. 바르게 계산한 값은 얼마인가요?

풀이

답 ______

44쪽 바르게 계산한 값 구하기

6 어떤 수에 2를 곱해야 할 것을 잘못하여 뺐더니 5가 되었습니다. 바르게 계산한 값은 얼마인가요?

풀이

답 ______

46쪽 곱이 같은 여러 가지 곱셈식 구하기

7 강당에 학생들이 한 줄에 2명씩 9줄로 서 있습니다.
이 학생들이 한 줄에 3명씩 다시 서면 몇 줄이 되나요?

풀이

답 ________________

44쪽 바르게 계산한 값 구하기

8 어떤 수에 9를 곱해야 할 것을 잘못하여 5를 곱했더니 30이 되었습니다.
바르게 계산한 값은 얼마인가요?

풀이

답 ________________

46쪽 곱이 같은 여러 가지 곱셈식 구하기

9 과자가 한 상자에 3개씩 8상자 있습니다. 이 과자를 한 명에게 4개씩 주면 몇 명에게 나누어 줄 수 있나요?

풀이

답 ____________

40쪽 수 카드로 곱셈식을 만들어 곱 구하기

선미와 준수가 각자 가지고 있는 수 카드 3장 중에서 2장을 뽑아 한 번씩만 사용하여 곱셈식을 만들려고 합니다. 두 사람이 각각 가장 큰 곱을 구할 때, 더 큰 곱을 구할 수 있는 사람은 누구인가요?

선미 [2] [3] [7]

❶ 선미가 구할 수 있는 가장 큰 곱은?

❷ 준수가 구할 수 있는 가장 큰 곱은?

❸ 더 큰 곱을 구할 수 있는 사람은?

답 ____________

정답과 해설 39쪽에 붙이면 동물들이 식탁을 완성할 수 있어요!

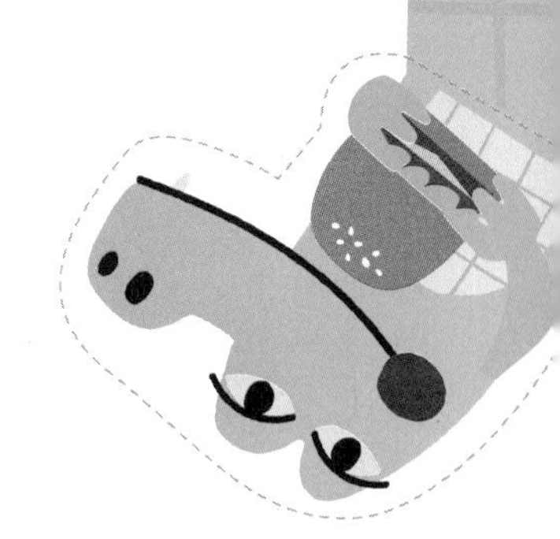

3 길이 재기

내가 입은 옷을
색칠하여 꾸며 봐!

· 단위 길이가 달라졌을 때 잰 횟수 구하기

· 수 카드로 만든 길이와의 합(차) 구하기

· 어느 거리가 얼마나 더 먼지 구하기

· 이어 붙인 색 테이프의 전체 길이 구하기

· 길이의 합과 차

· 두 도막으로 잘랐을 때 긴(짧은) 도막의 길이 구하기

11일

단원 마무리

함께 이야기해요!

요리를 만들며 빈칸에 알맞은 수를 써 보세요.

냉장고의 긴 쪽의 길이는 1 m 70 cm이고, 짧은 쪽의 길이는 80 cm야.

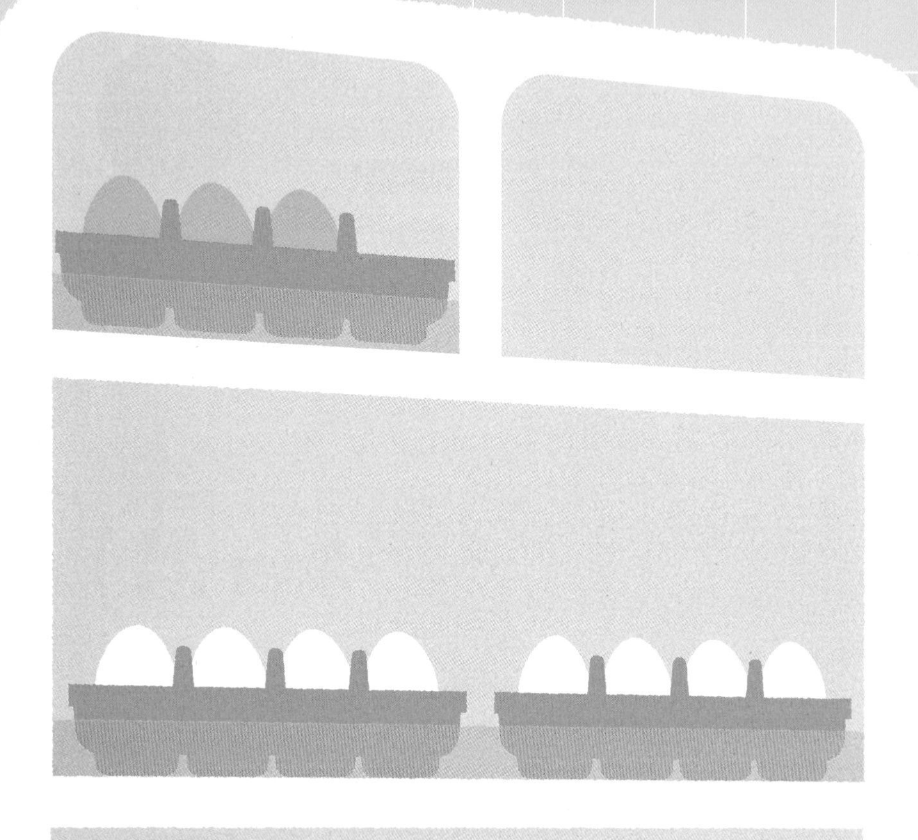

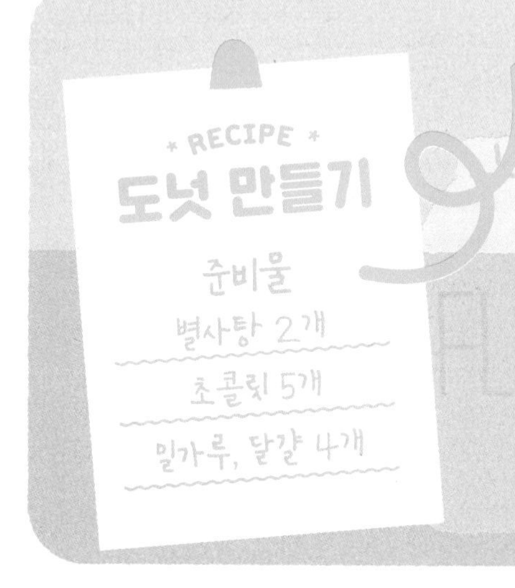

* RECIPE *
도넛 만들기
준비물
별사탕 2개
초콜릿 5개
밀가루, 달걀 4개

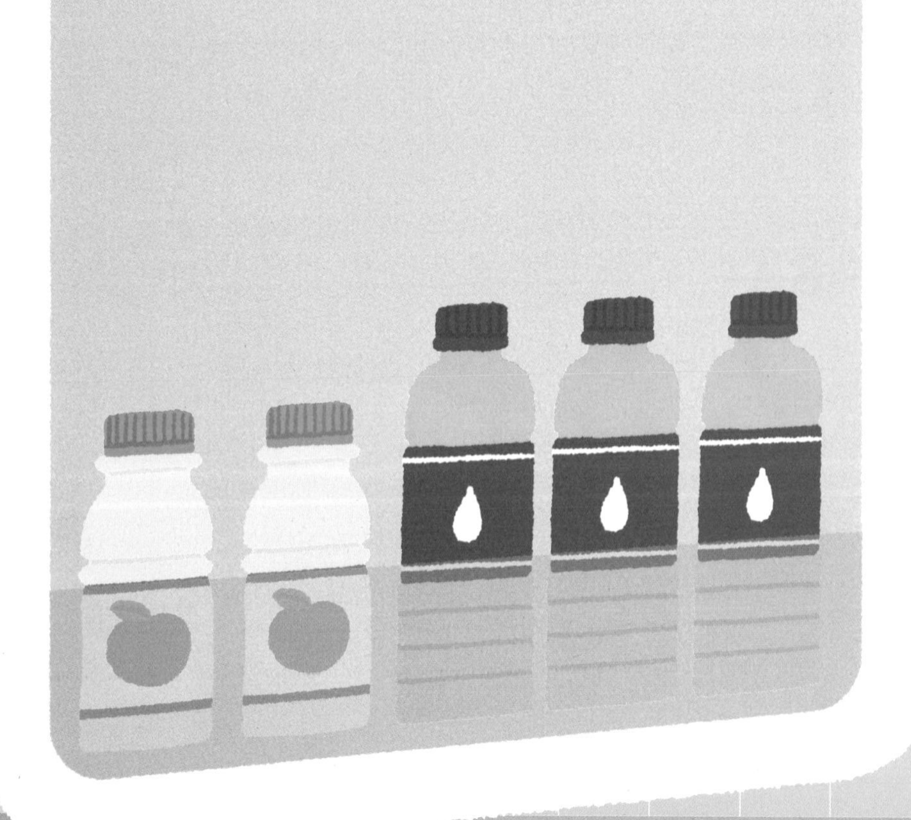

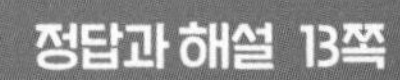
정답과 해설 13쪽

두 길이의 합은

□ m □ cm + □ cm

= □ m □ cm야.

두 길이의 차는

□ m □ cm − □ cm

= □ cm야.

8일 문장제 연습하기

단위 길이가 달라졌을 때 잰 횟수 구하기

1 철사의 길이는 20 cm입니다. / 철사로 책상의 짧은 쪽의 길이를 재었더니 / 3번이었습니다. / 색 테이프의 길이가 30 cm라면 / 색 테이프로 책상의 짧은 쪽의 길이를 재면 / 몇 번인가요?

★ 구해야 할 것

문제 돋보기

✔ 철사의 길이는? → ☐ cm

✔ 철사로 책상의 짧은 쪽의 길이를 잰 횟수는? → ☐ 번

✔ 색 테이프의 길이는? → ☐ cm

★ 구해야 할 것은?

→ 색 테이프로 책상의 짧은 쪽의 길이를 잰 횟수

풀이 과정

❶ 책상의 짧은 쪽의 길이는?

철사로 3번 잰 길이이므로

☐ cm+☐ cm+☐ cm=☐ cm입니다.

❷ 색 테이프로 책상의 짧은 쪽의 길이를 잰 횟수는?

☐ cm=☐ cm+☐ cm이므로

색 테이프로 책상의 짧은 쪽의 길이를 재면 ☐ 번입니다.

답 ____________

정답과 해설 13쪽

왼쪽 ❶번과 같이 문제에 색칠하고 밑줄을 그어 가며 문제를 풀어 보세요.

1-1 파란색 끈의 길이는 40 cm입니다. / 파란색 끈으로 / 칠판의 긴 쪽의 길이를 재었더니 / 5번이었습니다. / 초록색 끈의 길이가 50 cm라면 / 초록색 끈으로 / 칠판의 긴 쪽의 길이를 재면 / 몇 번인가요?

문제 돋보기

✔ 파란색 끈의 길이는? → ☐ cm

✔ 파란색 끈으로 칠판의 긴 쪽의 길이를 잰 횟수는? → ☐ 번

✔ 초록색 끈의 길이는? → ☐ cm

★ 구해야 할 것은?

→ ____________________

풀이 과정

❶ 칠판의 긴 쪽의 길이는?

파란색 끈으로 5번 잰 길이이므로

☐ cm + ☐ cm + ☐ cm + ☐ cm + ☐ cm

= ☐ cm입니다.

❷ 초록색 끈으로 칠판의 긴 쪽의 길이를 잰 횟수는?

☐ cm

= ☐ cm + ☐ cm + ☐ cm + ☐ cm이므로

초록색 끈으로 칠판의 긴 쪽의 길이를 재면 ☐ 번입니다.

답 ____________________

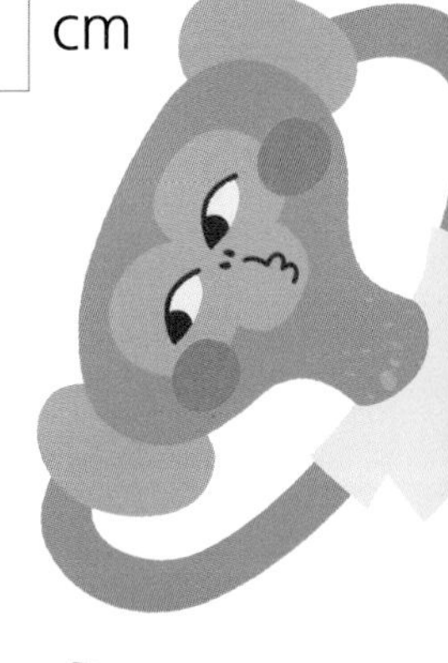

문제가 어려웠나요?

☐ 어려워요!

☐ 적당해요 ^_^

☐ 쉬워요 >o<

수 카드로 만든 길이와의 합(차) 구하기

2 수 카드 3장을 한 번씩만 사용하여 / 가장 긴 길이를 만들었을 때, / 그 길이와 3 m 41 cm의 합을 / 구해 보세요.

★ 구해야 할 것

2 5 6 ☐ m ☐☐ cm

문제 돋보기

★ 구해야 할 것은?

→ 수 카드로 만든 가장 긴 길이와 3 m 41 cm의 합

✔ 수 카드로 가장 긴 길이를 만들려면?

→ m 단위에 가장 (큰 , 작은) 수를 넣고, 나머지 두 수로 더 (큰 , 작은) 두 자리 수를 만들어 cm 단위에 넣습니다.

알맞은 말에 ○표 하기

풀이 과정

❶ 수 카드로 만든 가장 긴 길이는?

수 카드의 수의 크기를 비교하면 ☐ > ☐ > ☐ 이므로

가장 긴 길이는 ☐ m ☐☐ cm입니다.

❷ 위 ❶에서 구한 길이와 3 m 41 cm의 합은?

☐ m ☐ cm ○ ☐ m ☐ cm

+, − 중 알맞은 것 쓰기

= ☐ m ☐ cm

답 ______

정답과 해설 14쪽

왼쪽 ❷번과 같이 문제에 색칠하고 밑줄을 그어 가며 문제를 풀어 보세요.

2-1

수 카드 3장을 한 번씩만 사용하여 / 가장 짧은 길이를 만들었을 때, / 그 길이와 5 m 20 cm의 차를 / 구해 보세요.

4　1　7　　□ m □□ cm

문제 돋보기

★ 구해야 할 것은?

→ ______________________

✔ 수 카드로 가장 짧은 길이를 만들려면?

→ m 단위에 가장 (큰 , 작은) 수를 넣고, 나머지 두 수로 더 (큰 , 작은) 두 자리 수를 만들어 cm 단위에 넣습니다.

풀이 과정

❶ 수 카드로 만든 가장 짧은 길이는?

수 카드의 수의 크기를 비교하면 □ < □ < □ 이므로

가장 짧은 길이는 □ m □□ cm입니다.

❷ 위 ❶에서 구한 길이와 5 m 20 cm의 차는?

□ m □ cm ○ □ m □ cm

= □ m □ cm

답 ______________________

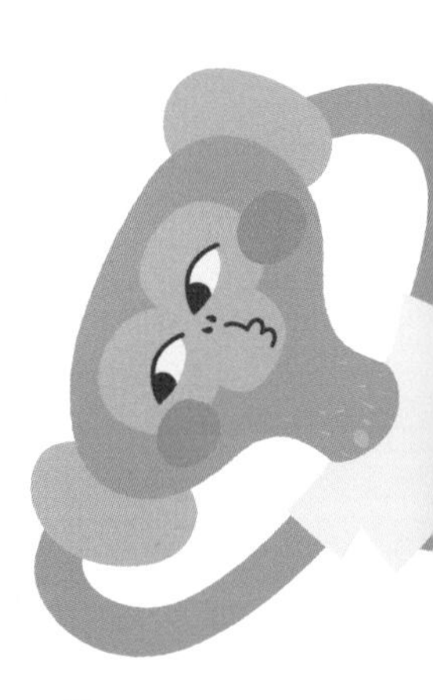

문제가 어려웠나요?

□ 어려워요!

□ 적당해요 ^-^

□ 쉬워요 >o<

◆ 단위 길이가 달라졌을 때 잰 횟수 구하기
◆ 수 카드로 만든 길이와의 합(차) 구하기

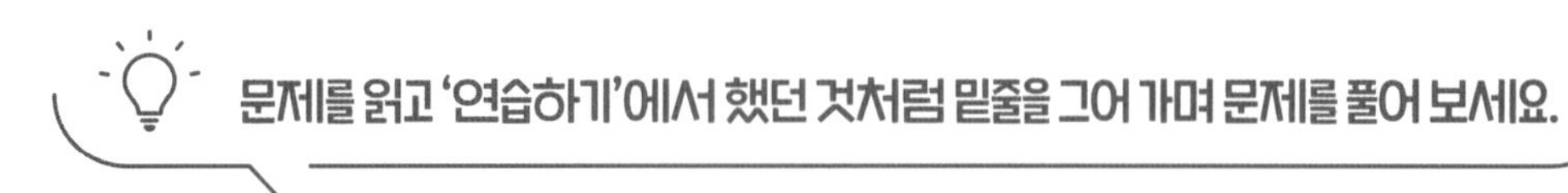

문제를 읽고 '연습하기'에서 했던 것처럼 밑줄을 그어 가며 문제를 풀어 보세요.

1 빨간색 끈의 길이는 30 cm입니다. 빨간색 끈으로 식탁의 긴 쪽의 길이를 재었더니 4번이었습니다. 보라색 끈의 길이가 40 cm라면 보라색 끈으로 식탁의 긴 쪽의 길이를 재면 몇 번인가요?

❶ 식탁의 긴 쪽의 길이는?

❷ 보라색 끈으로 식탁의 긴 쪽의 길이를 잰 횟수는?

답 ____________

2 수 카드 3장을 한 번씩만 사용하여 가장 긴 길이를 만들었을 때, 그 길이와 1 m 79 cm의 합을 구해 보세요.

1 6 2 　 □ m □□ cm

❶ 수 카드로 만든 가장 긴 길이는?

❷ 위 ❶에서 구한 길이와 1 m 79 cm의 합은?

답 ____________

정답과 해설 14쪽

3 나무 막대의 길이는 50 cm입니다. 나무 막대로 7번 잰 길이를 쇠막대로 재었더니 5번이었습니다. 쇠막대의 길이는 몇 cm인가요?

❶ 나무 막대로 7번 잰 길이는?

❷ 쇠막대의 길이는?

답 ____________

4 수 카드 4장 중에서 3장을 뽑아 한 번씩만 사용하여 가장 짧은 길이를 만들었을 때, 그 길이와 6 m 37 cm의 차를 구해 보세요.

3 5 8 4 ☐ m ☐☐ cm

❶ 수 카드로 만든 가장 짧은 길이는?

❷ 위 ❶에서 구한 길이와 6 m 37 cm의 차는?

답 ____________

9일 문장제 연습하기

어느 거리가 얼마나 더 먼지 구하기

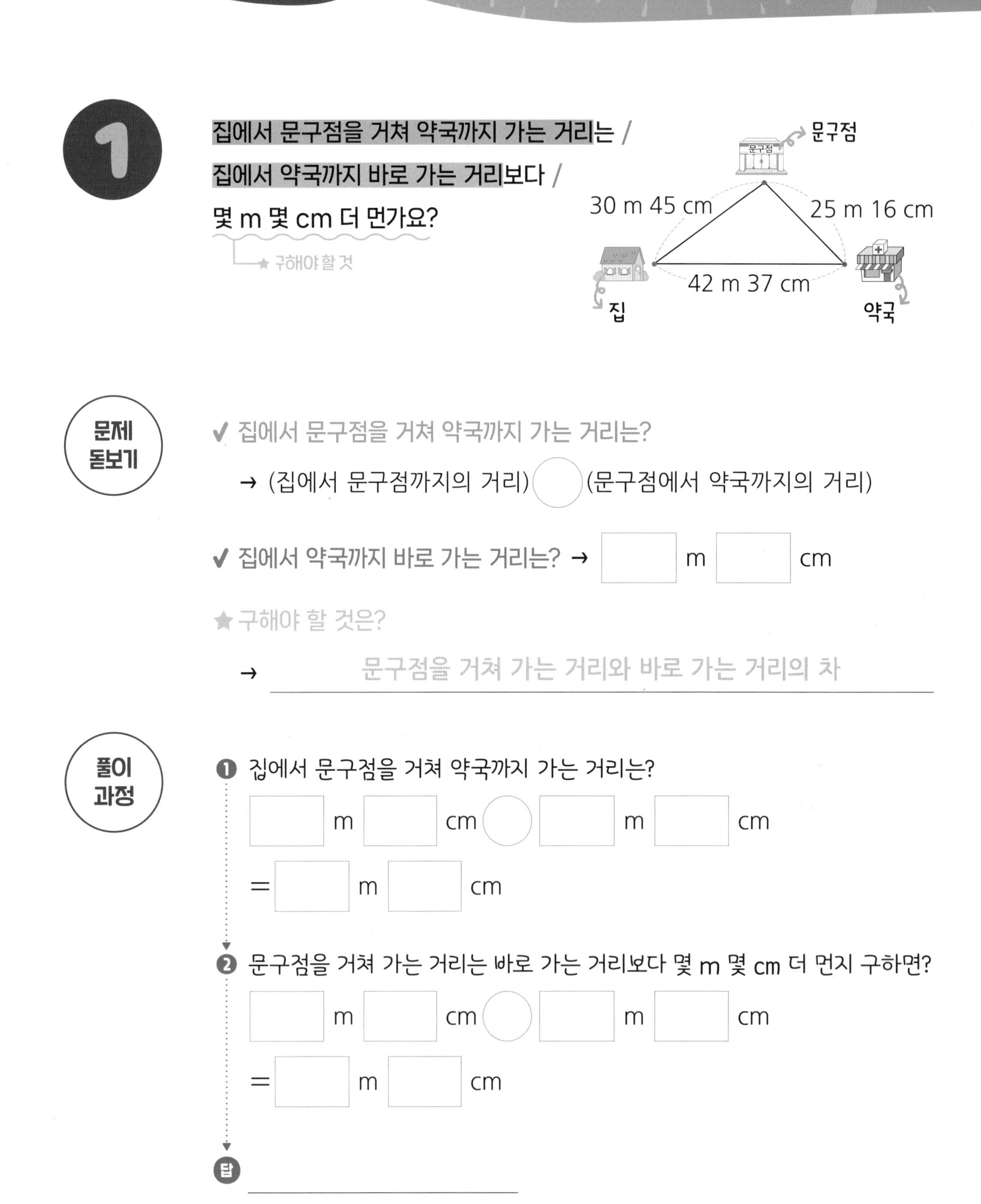

1 집에서 문구점을 거쳐 약국까지 가는 거리는 / 집에서 약국까지 바로 가는 거리보다 / 몇 m 몇 cm 더 먼가요?

★ 구해야 할 것

문제 돋보기

✔ 집에서 문구점을 거쳐 약국까지 가는 거리는?

→ (집에서 문구점까지의 거리) ◯ (문구점에서 약국까지의 거리)

✔ 집에서 약국까지 바로 가는 거리는? → ☐ m ☐ cm

★ 구해야 할 것은?

→ 문구점을 거쳐 가는 거리와 바로 가는 거리의 차

풀이 과정

❶ 집에서 문구점을 거쳐 약국까지 가는 거리는?

☐ m ☐ cm ◯ ☐ m ☐ cm

= ☐ m ☐ cm

❷ 문구점을 거쳐 가는 거리는 바로 가는 거리보다 몇 m 몇 cm 더 먼지 구하면?

☐ m ☐ cm ◯ ☐ m ☐ cm

= ☐ m ☐ cm

답 ____________

정답과 해설 15쪽

왼쪽 ❶번과 같이 문제에 색칠하고 밑줄을 그어 가며 문제를 풀어 보세요.

1-1

진서는 굴렁쇠를 빨간색 선을 따라 굴렸고, / 원혜는 파란색 선을 따라 굴렸습니다. / 진서가 굴린 굴렁쇠는 / 원혜가 굴린 굴렁쇠보다 / 몇 m 몇 cm 더 멀리 갔나요?

15 m 60 cm
19 m 82 cm
29 m 71 cm

문제 돋보기

✔ 진서가 굴렁쇠를 굴린 거리는?

→ (빨간색 , 파란색) 선을 따라 굴린 거리의 합

✔ 원혜가 굴렁쇠를 굴린 거리는? → ☐ m ☐ cm

★ 구해야 할 것은?

→ ______________________

풀이 과정

❶ 진서가 굴렁쇠를 굴린 거리는?

☐ m ☐ cm ○ ☐ m ☐ cm

= ☐ m ☐ cm

❷ 진서가 굴린 굴렁쇠는 원혜가 굴린 굴렁쇠보다 몇 m 몇 cm 더 멀리 갔는지 구하면?

☐ m ☐ cm ○ ☐ m ☐ cm

= ☐ m ☐ cm

답 ______________

문제가 어려웠나요?

☐ 어려워요!

☐ 적당해요 ^-^

☐ 쉬워요 >o<

이어 붙인 색 테이프의 전체 길이 구하기

2 색 테이프 2장을 / 그림과 같이 겹치게 이어 붙였습니다. / 이어 붙인 색 테이프의 전체 길이는 / 몇 m 몇 cm인가요?

└★ 구해야 할 것

4 m 25 cm　　2 m 46 cm

1 m 57 cm

문제 돋보기

✔ 색 테이프 2장의 각각의 길이는?

→ ☐ m ☐ cm, ☐ m ☐ cm

✔ 겹쳐진 부분의 길이는? → ☐ m ☐ cm

★ 구해야 할 것은?

→ 이어 붙인 색 테이프의 전체 길이

풀이 과정

❶ 색 테이프 2장의 길이의 합은?

☐ m ☐ cm ◯ ☐ m ☐ cm

= ☐ m ☐ cm

❷ 이어 붙인 색 테이프의 전체 길이는?

☐ m ☐ cm ◯ ☐ m ☐ cm

└ 색 테이프 2장의 길이의 합　　└ 겹쳐진 부분의 길이

= ☐ m ☐ cm

답 ______________

정답과 해설 15쪽

왼쪽 ❷번과 같이 문제에 색칠하고 밑줄을 그어 가며 문제를 풀어 보세요.

2-1 색 테이프 2장을 / 그림과 같이 겹치게 이어 붙였습니다. / 이어 붙인 색 테이프의 전체 길이가 / 8 m 65 cm일 때, / 겹쳐진 부분의 길이는 몇 m 몇 cm인가요?

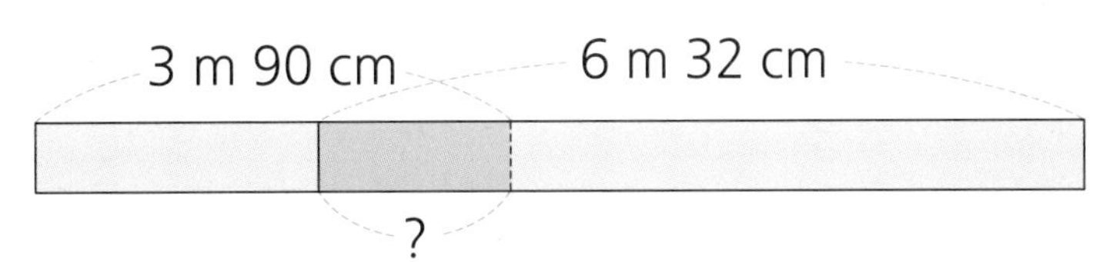

문제 돋보기

✔ 색 테이프 2장의 각각의 길이는?

→ ☐ m ☐ cm, ☐ m ☐ cm

✔ 이어 붙인 색 테이프의 전체 길이는? → ☐ m ☐ cm

★ 구해야 할 것은?

→ ____________________

풀이 과정

❶ 색 테이프 2장의 길이의 합은?

☐ m ☐ cm ◯ ☐ m ☐ cm

= ☐ m ☐ cm

❷ 겹쳐진 부분의 길이는?

☐ m ☐ cm ◯ ☐ m ☐ cm

└ 색 테이프 2장의 길이의 합 └ 이어 붙인 색 테이프의 전체 길이

= ☐ m ☐ cm

답 ____________________

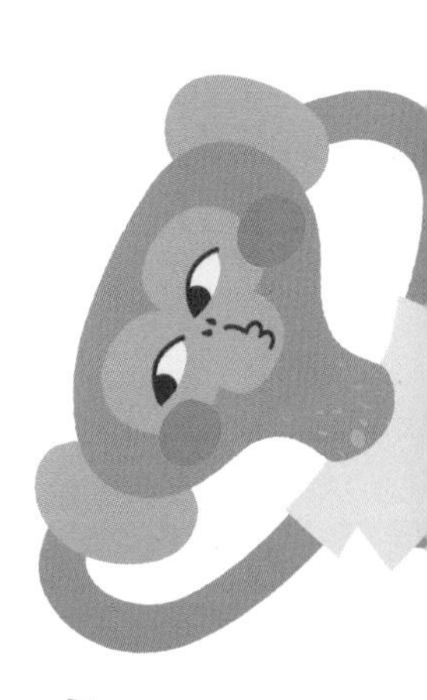

문제가 어려웠나요?

☐ 어려워요!
☐ 적당해요 ^_^
☐ 쉬워요 >o<

◆ 어느 거리가 얼마나 더 먼지 구하기
◆ 이어 붙인 색 테이프의 전체 길이 구하기

문제를 읽고 '연습하기'에서 했던 것처럼 밑줄을 그어 가며 문제를 풀어 보세요.

1 학교에서 도서관을 거쳐 공원까지 가는 거리는 학교에서 공원까지 바로 가는 거리보다 몇 m 몇 cm 더 먼가요?

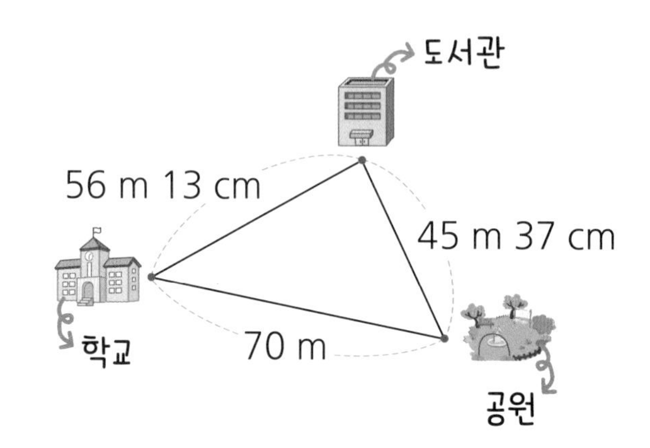

❶ 학교에서 도서관을 거쳐 공원까지 가는 거리는?

❷ 도서관을 거쳐 가는 거리는 바로 가는 거리보다 몇 m 몇 cm 더 먼지 구하면?

답 ______________

2 색 테이프 2장을 그림과 같이 겹치게 이어 붙였습니다. 이어 붙인 색 테이프의 전체 길이는 몇 m 몇 cm인가요?

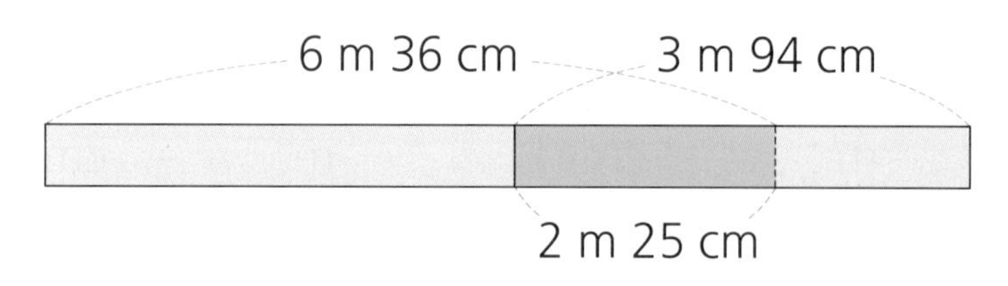

❶ 색 테이프 2장의 길이의 합은?

❷ 이어 붙인 색 테이프의 전체 길이는?

답 ______________

정답과 해설 16쪽

3 길이가 5 m 61 cm인 색 테이프 2장을 그림과 같이 겹치게 이어 붙였습니다. 이어 붙인 색 테이프의 전체 길이가 10 m일 때, 겹쳐진 부분의 길이는 몇 m 몇 cm인가요?

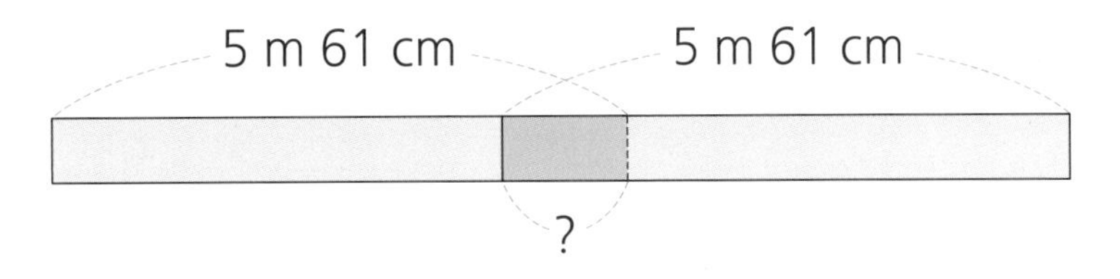

❶ 색 테이프 2장의 길이의 합은?

❷ 겹쳐진 부분의 길이는?

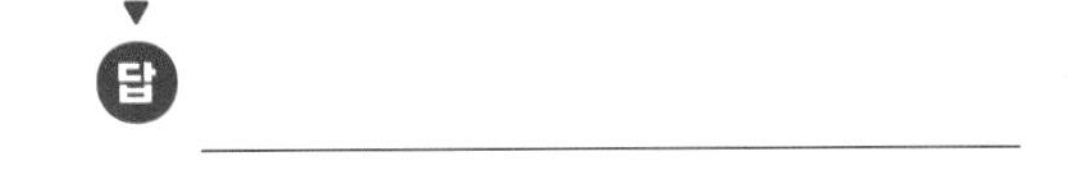

4 ㉮에서 ㉯를 거쳐 ㉰까지 가는 거리는 ㉮에서 ㉱를 거쳐 ㉰까지 가는 거리보다 몇 m 몇 cm 더 가까운가요?

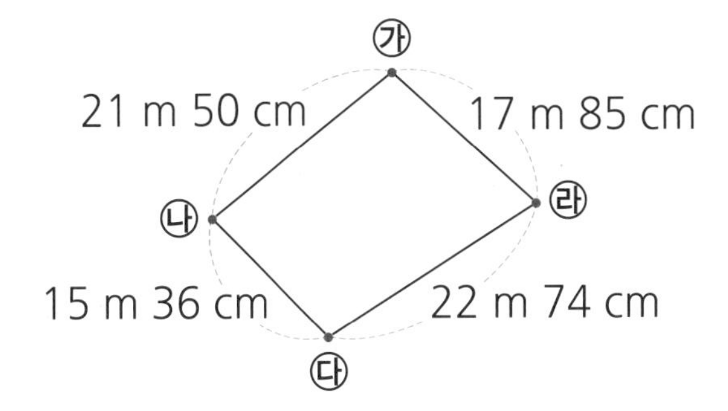

❶ ㉮에서 ㉯를 거쳐 ㉰까지 가는 거리는?

❷ ㉮에서 ㉱를 거쳐 ㉰까지 가는 거리는?

❸ ㉯를 거쳐 가는 거리는 ㉱를 거쳐 가는 거리보다 몇 m 몇 cm 더 가까운지 구하면?

답 ______________

길이의 합과 차

1 노란색 털실의 길이는 / 3 m 40 cm입니다. /
분홍색 털실의 길이는 / 노란색 털실보다 1 m 55 cm 더 짧습니다. /
노란색 털실과 분홍색 털실의 길이의 합은 / 몇 m 몇 cm인가요?

★ 구해야 할 것

문제 돋보기

✔ 노란색 털실의 길이는? → ☐ m ☐ cm

✔ 분홍색 털실의 길이는?
→ 노란색 털실보다 ☐ m ☐ cm 더 짧습니다.

★ 구해야 할 것은?
→ 노란색 털실과 분홍색 털실의 길이의 합

풀이 과정

❶ 분홍색 털실의 길이는?

☐ m ☐ cm ◯ ☐ m ☐ cm
(노란색 털실의 길이)

= ☐ m ☐ cm

❷ 노란색 털실과 분홍색 털실의 길이의 합은?

☐ m ☐ cm ◯ ☐ m ☐ cm
(노란색 털실의 길이) (분홍색 털실의 길이)

= ☐ m ☐ cm

답 ______________

정답과 해설 16쪽

왼쪽 ① 번과 같이 문제에 색칠하고 밑줄을 그어 가며 문제를 풀어 보세요.

1-1 밧줄의 길이는 / 줄넘기 줄보다 2 m 48 cm 더 길고, / 고무 호스의 길이는 / 밧줄보다 1 m 27 cm 더 짧습니다. / 줄넘기 줄의 길이가 1 m 89 cm일 때, / 고무 호스의 길이는 몇 m 몇 cm인가요?

문제 돋보기

✔ 밧줄의 길이는? → 줄넘기 줄보다 ☐ m ☐ cm 더 깁니다.

✔ 고무 호스의 길이는?

→ 밧줄보다 ☐ m ☐ cm 더 짧습니다.

✔ 줄넘기 줄의 길이는? → ☐ m ☐ cm

★ 구해야 할 것은?

→ ______________________

풀이 과정

① 밧줄의 길이는?

☐ m ☐ cm ◯ ☐ m ☐ cm

└ 줄넘기 줄의 길이

= ☐ m ☐ cm

② 고무 호스의 길이는?

☐ m ☐ cm ◯ ☐ m ☐ cm

└ 밧줄의 길이

= ☐ m ☐ cm

답 ______________________

문제가 어려웠나요?

☐ 어려워요!

☐ 적당해요 ^-^

☐ 쉬워요 >o<

두 도막으로 잘랐을 때 긴(짧은) 도막의 길이 구하기

길이가 230 cm인 끈을 / 한 번 잘랐더니 / 긴 도막이 짧은 도막보다 / 30 cm 더 깁니다. / 짧은 도막의 길이는 몇 cm인가요?

★ 구해야 할 것

문제 돋보기

✔ 자르기 전의 끈의 길이는? → ☐ cm

✔ 긴 도막의 길이는?

→ 짧은 도막보다 ☐ cm 더 깁니다.

★ 구해야 할 것은?

→ 짧은 도막의 길이

풀이 과정

❶ 짧은 도막의 길이를 ■ cm라 하면 긴 도막의 길이는?

(긴 도막의 길이)=(■+☐) cm

❷ 짧은 도막의 길이는?

자르기 전의 끈의 길이는 (짧은 도막의 길이)+(긴 도막의 길이)이므로

■+■+☐=☐, ■+■=☐,

■=☐입니다.

따라서 짧은 도막의 길이는 ☐ cm입니다.

답 ____________

정답과 해설 17쪽

왼쪽 ❷번과 같이 문제에 색칠하고 밑줄을 그어 가며 문제를 풀어 보세요.

2-1 길이가 440 cm인 색 테이프를 / 한 번 잘랐더니 / 긴 도막이 짧은 도막보다 / 20 cm 더 깁니다. / 긴 도막의 길이는 몇 m 몇 cm인가요?

문제 돋보기

✔ 자르기 전의 색 테이프의 길이는? → □ cm

✔ 긴 도막의 길이는?

→ 짧은 도막보다 □ cm 더 깁니다.

★ 구해야 할 것은?

→ ____________________

풀이 과정

❶ 짧은 도막의 길이를 ■ cm라 하면 긴 도막의 길이는?

(긴 도막의 길이)=(■+□) cm

❷ 짧은 도막의 길이는?

■+■+□=□, ■+■=□,

■=□

⇨ (짧은 도막의 길이)=□ cm=□ m □ cm

❸ 긴 도막의 길이는?

□ m □ cm+□ cm=□ m □ cm

짧은 도막의 길이

답 ____________________

문제가 어려웠나요?

□ 어려워요!

□ 적당해요 ^_^

□ 쉬워요 >o<

◆ 길이의 합과 차
◆ 두 도막으로 잘랐을 때 긴(짧은) 도막의 길이 구하기

문제를 읽고 '연습하기'에서 했던 것처럼 밑줄을 그어 가며 문제를 풀어 보세요.

1 초록색 테이프의 길이는 4 m 73 cm입니다. 검은색 테이프의 길이는 초록색 테이프보다 2 m 82 cm 더 짧습니다. 초록색 테이프와 검은색 테이프의 길이의 합은 몇 m 몇 cm인가요?

❶ 검은색 테이프의 길이는?

❷ 초록색 테이프와 검은색 테이프의 길이의 합은?

답 ______________

2 감나무의 높이는 소나무보다 3 m 29 cm 더 낮고, 은행나무의 높이는 감나무보다 1 m 71 cm 더 높습니다. 소나무의 높이가 5 m 34 cm일 때, 은행나무의 높이는 몇 m 몇 cm인가요?

❶ 감나무의 높이는?

❷ 은행나무의 높이는?

답 ______________

정답과 해설 17쪽

3 길이가 280 cm인 끈을 한 번 잘랐더니 긴 도막이 짧은 도막보다 60 cm 더 깁니다. 짧은 도막의 길이는 몇 cm인가요?

❶ 짧은 도막의 길이를 ■ cm라 하면 긴 도막의 길이는?

❷ 짧은 도막의 길이는?

답 ______________

4 길이가 320 cm인 색 테이프를 한 번 잘랐더니 긴 도막이 짧은 도막보다 40 cm 더 깁니다. 긴 도막의 길이는 몇 m 몇 cm인가요?

❶ 짧은 도막의 길이를 ■ cm라 하면 긴 도막의 길이는?

❷ 짧은 도막의 길이는?

❸ 긴 도막의 길이는?

답 ______________

11일

단원 마무리

58쪽 단위 길이가 달라졌을 때 잰 횟수 구하기

1 노란색 막대의 길이는 40 cm입니다. 노란색 막대로 교실의 긴 쪽의 길이를 재었더니 6번이었습니다. 초록색 막대의 길이가 60 cm라면 초록색 막대로 교실의 긴 쪽의 길이를 재면 몇 번인가요?

풀이

답 ____________

60쪽 수 카드로 만든 길이와의 합(차) 구하기

2 수 카드 3장을 한 번씩만 사용하여 가장 긴 길이를 만들었을 때, 그 길이와 2 m 96 cm의 합을 구해 보세요.

5 7 0 □ m □□ cm

풀이

답 ____________

58쪽 단위 길이가 달라졌을 때 잰 횟수 구하기

3 우산의 길이는 80 cm입니다. 우산으로 5번 잰 길이를 야구 방망이로 재었더니 4번이었습니다. 야구 방망이의 길이는 몇 cm인가요?

풀이

답 ____________

60쪽 수 카드로 만든 길이와의 합(차) 구하기

4 수 카드 4장 중에서 3장을 뽑아 한 번씩만 사용하여 가장 짧은 길이를 만들었을 때, 그 길이와 4 m 23 cm의 차를 구해 보세요.

2 9 6 8 □ m □□ cm

풀이

답 ______________

64쪽 어느 거리가 얼마나 더 먼지 구하기

5 ㉮에서 ㉯를 거쳐 ㉰까지 가는 거리는 ㉮에서 ㉰까지 바로 가는 거리보다 몇 m 몇 cm 더 먼가요?

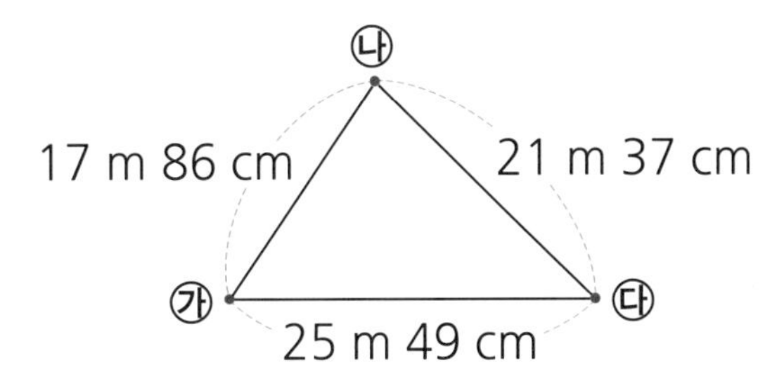

답 ______________

66쪽 이어 붙인 색 테이프의 전체 길이 구하기

6 색 테이프 2장을 그림과 같이 겹치게 이어 붙였습니다.
이어 붙인 색 테이프의 전체 길이는 몇 m 몇 cm인가요?

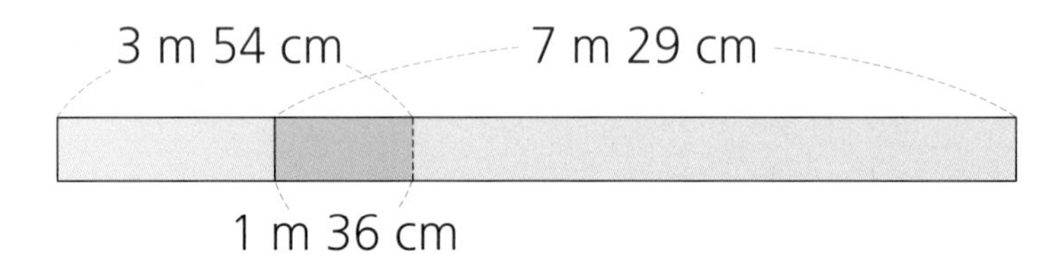

풀이

답 ____________

70쪽 길이의 합과 차

7 리본의 길이는 6 m 19 cm입니다. 고무줄의 길이는 리본보다 3 m 49 cm 더 짧습니다. 리본과 고무줄의 길이의 합은 몇 m 몇 cm인가요?

풀이

답 ____________

70쪽 길이의 합과 차

8 나무 막대의 길이는 철사보다 2 m 96 cm 더 길고,
털실의 길이는 나무 막대보다 1 m 35 cm 더 짧습니다. 철사의 길이가
7 m 21 cm일 때, 털실의 길이는 몇 m 몇 cm인가요?

풀이

답 ____________

정답과 해설 18쪽

72쪽 두 도막으로 잘랐을 때 긴(짧은) 도막의 길이 구하기

9 길이가 480 cm인 통나무를 한 번 잘랐더니 긴 도막이 짧은 도막보다 60 cm 더 깁니다. 긴 도막의 길이는 몇 m 몇 cm인가요?

풀이

답

66쪽 이어 붙인 색 테이프의 전체 길이 구하기

색 테이프 3장을 그림과 같이 같은 길이만큼 겹치게 이어 붙였습니다. 이어 붙인 색 테이프 전체의 길이가 6 m 88 cm일 때, ㉠에 알맞은 수는 얼마인가요?

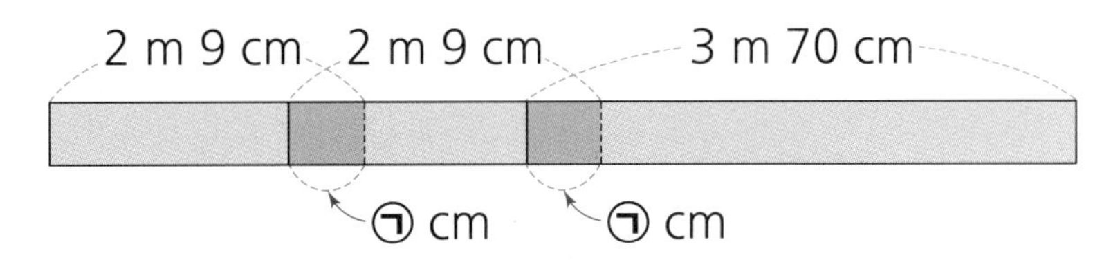

❶ 색 테이프 3장의 길이의 합은?

❷ 겹쳐진 부분의 길이의 합은?

❸ ㉠에 알맞은 수는?

답

정답과 해설 39쪽에 붙어있는 스티커를 붙이면 통통이가 더 즐거워할 수 있어요!

4 시각과 시간

내가 입은 바지를
색칠하여 꾸며 봐!

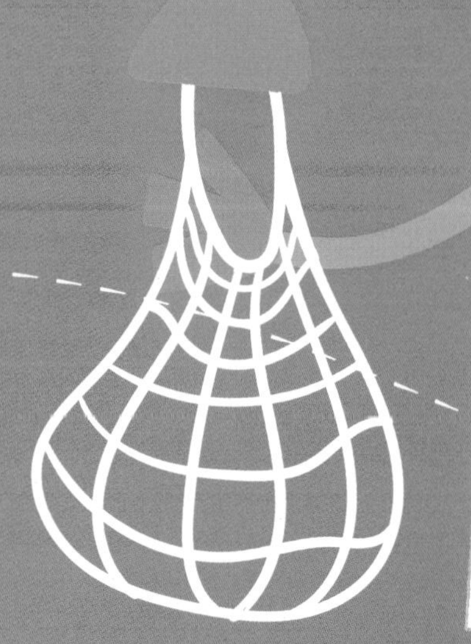

12일

· 걸린 시간을 구하여 비교하기

· 달력의 일부분을 보고
날짜(요일) 구하기

13일

· 기간 구하기 /
~일 후의 날짜 구하기

· 일정하게 빨라지는(느려지는)
시계의 시각 구하기

14일

단원 마무리

문장제 준비하기

함께 이야기해요!

요리를 만들며 빈칸에 알맞은 수를 써 보세요.

지금은 3시 50분이니까

4시 ☐ 분 전이야.

SUGAR

MILK

케이크를 3시 10분에 만들기 시작했으니

벌써 ☐ 분이 지났네.

정답과 해설 19쪽

12
1
2
3
4
5
6
7
8
9
10
11
20분 뒤에 생크림을 만들려면
4시 [ ] 분에 만들어야 해.
* RECIPE *
케이크 만들기
준비물
버터, 밀가루, 우유
딸기 6개
달걀 3개

12일 문장제 연습하기 걸린 시간을 구하여 비교하기

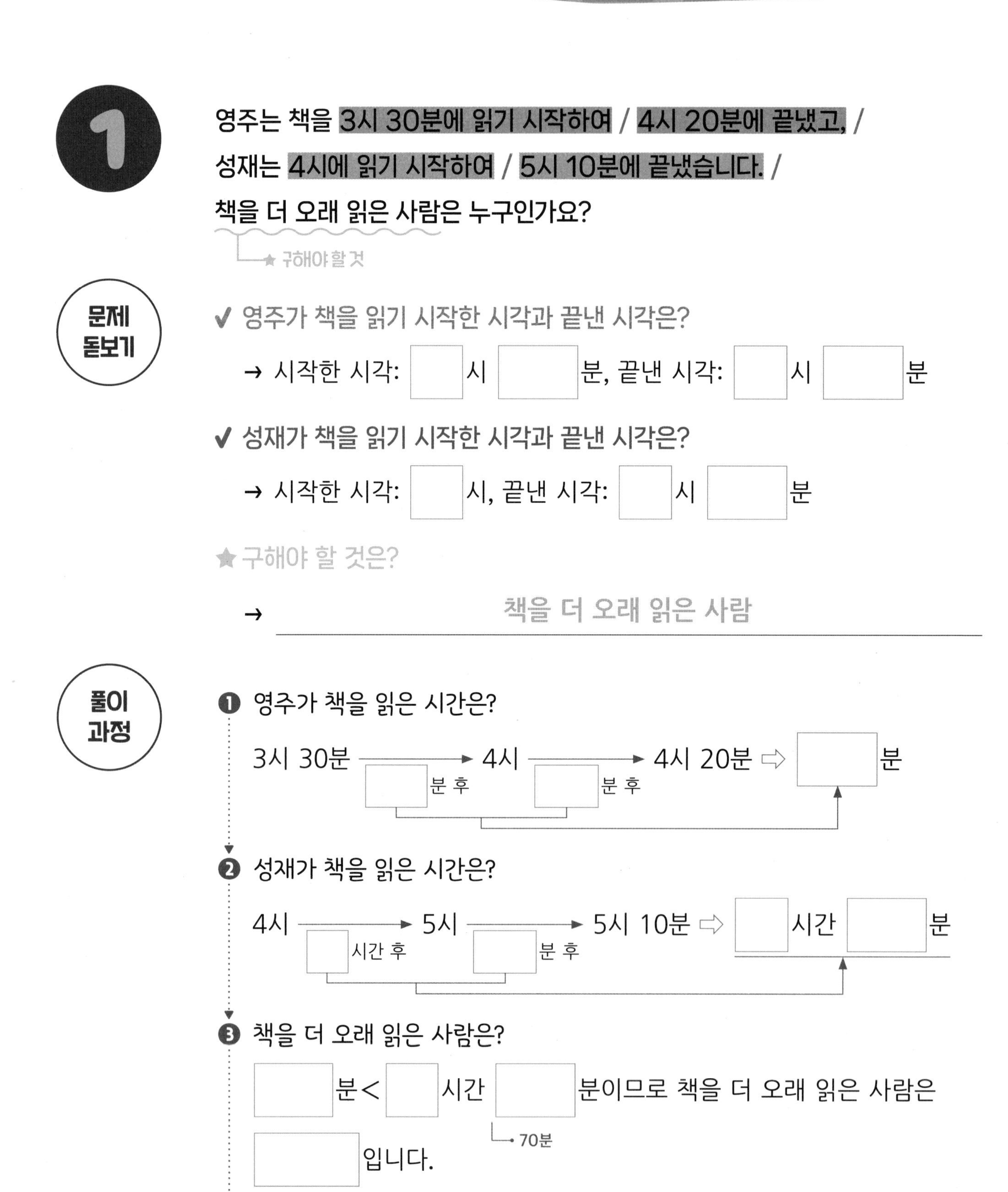

1 영주는 책을 3시 30분에 읽기 시작하여 / 4시 20분에 끝냈고, / 성재는 4시에 읽기 시작하여 / 5시 10분에 끝냈습니다. / 책을 더 오래 읽은 사람은 누구인가요?

★ 구해야 할 것

문제 돋보기

✔ 영주가 책을 읽기 시작한 시각과 끝낸 시각은?

→ 시작한 시각: ☐시 ☐분, 끝낸 시각: ☐시 ☐분

✔ 성재가 책을 읽기 시작한 시각과 끝낸 시각은?

→ 시작한 시각: ☐시, 끝낸 시각: ☐시 ☐분

★ 구해야 할 것은?

→ 책을 더 오래 읽은 사람

풀이 과정

❶ 영주가 책을 읽은 시간은?

3시 30분 → (☐분 후) 4시 → (☐분 후) 4시 20분 ⇨ ☐분

❷ 성재가 책을 읽은 시간은?

4시 → (☐시간 후) 5시 → (☐분 후) 5시 10분 ⇨ ☐시간 ☐분

❸ 책을 더 오래 읽은 사람은?

☐분 < ☐시간 ☐분이므로 책을 더 오래 읽은 사람은 ☐입니다.

(└ 70분)

탑 ______

정답과 해설 19쪽

왼쪽 ❶번과 같이 문제에 색칠하고 밑줄을 그어 가며 문제를 풀어 보세요.

1-1

인우는 퍼즐 맞추기를 1시 40분에 시작하여 / 3시에 끝냈고, /
희도는 2시 10분에 시작하여 / 3시 20분에 끝냈습니다. /
퍼즐을 더 오래 맞춘 사람은 누구인가요?

문제 돋보기

✔ 인우가 퍼즐 맞추기를 시작한 시각과 끝낸 시각은?

→ 시작한 시각: ☐시 ☐분, 끝낸 시각: ☐시

✔ 희도가 퍼즐 맞추기를 시작한 시각과 끝낸 시각은?

→ 시작한 시각: ☐시 ☐분, 끝낸 시각: ☐시 ☐분

★ 구해야 할 것은?

→ ____________________

풀이 과정

❶ 인우가 퍼즐을 맞춘 시간은?

1시 40분 → (☐분 후) 2시 → (☐시간 후) 3시 ⇨ ☐시간 ☐분

❷ 희도가 퍼즐을 맞춘 시간은?

2시 10분 → (☐분 후) 3시 → (☐분 후) 3시 20분

⇨ ☐분＝☐시간 ☐분

❸ 퍼즐을 더 오래 맞춘 사람은?

☐시간 ☐분>☐시간 ☐분이므로

퍼즐을 더 오래 맞춘 사람은 ☐입니다.

답 ____________

문제가 어려웠나요?

☐ 어려워요!

☐ 적당해요 ^-^

☐ 쉬워요 >o<

달력의 일부분을 보고 날짜(요일) 구하기

오른쪽은 어느 해의 3월 달력의 일부분입니다. / 3월의 셋째 수요일은 며칠인가요?

★ 구해야 할 것

3월

일	월	화	수	목	금	토
			1	2	3	4

문제 돋보기

✔ 3월의 첫째 수요일의 날짜는?

→ 3월의 첫째 수요일의 날짜는 ☐일입니다.

★ 구해야 할 것은?

→ 3월의 셋째 수요일의 날짜

풀이 과정

❶ 3월의 셋째 수요일의 날짜는?

수요일이 7일마다 반복되므로

3월의 둘째 수요일은 ☐ + ☐ = ☐(일),
(첫째 수요일의 날짜)

3월의 셋째 수요일은 ☐ + ☐ = ☐(일)입니다.
(둘째 수요일의 날짜)

답 ________

정답과 해설 20쪽

왼쪽 ❷번과 같이 문제에 색칠하고 밑줄을 그어 가며 문제를 풀어 보세요.

2-1

오른쪽은 어느 해의 / 10월 달력의 일부분입니다. / 10월 23일은 무슨 요일인가요?

10월

일	월	화	수	목	금	토
1	2	3	4	5	6	7

문제 돋보기

✔ 10월 첫째 주의 요일별 날짜는?

→ 1일은 일요일, 2일은 □요일, 3일은 □요일, ⋯,

7일은 □요일입니다.

★ 구해야 할 것은?

→ ____________________

풀이 과정

❶ 23일과 요일이 같은 날짜를 모두 구하면?

같은 요일이 □일마다 반복되므로 23일과 요일이 같은 날짜는

23 − □ = □(일), □ − □ = □(일),

□ − □ = □(일)입니다.

❷ 10월 23일은 무슨 요일인지 구하면?

2일이 □요일이므로 23일은 □요일입니다.

답 ____________

문제가 어려웠나요?

□ 어려워요!

□ 적당해요 ^-^

□ 쉬워요 >o<

◆ 걸린 시간을 구하여 비교하기
◆ 달력의 일부분을 보고 날짜(요일) 구하기

문제를 읽고 '연습하기'에서 했던 것처럼 밑줄을 그어 가며 문제를 풀어 보세요.

1 민채는 수학 문제를 2시 30분에 풀기 시작하여 3시 50분에 끝냈고,
진우는 3시 5분에 풀기 시작하여 4시 15분에 끝냈습니다.
수학 문제를 더 오래 푼 사람은 누구인가요?

❶ 민채가 수학 문제를 푼 시간은?

❷ 진우가 수학 문제를 푼 시간은?

❸ 수학 문제를 더 오래 푼 사람은?

답 ____________________

2 오른쪽은 어느 해의 5월 달력의 일부분입니다.
5월의 넷째 금요일은 며칠인가요?

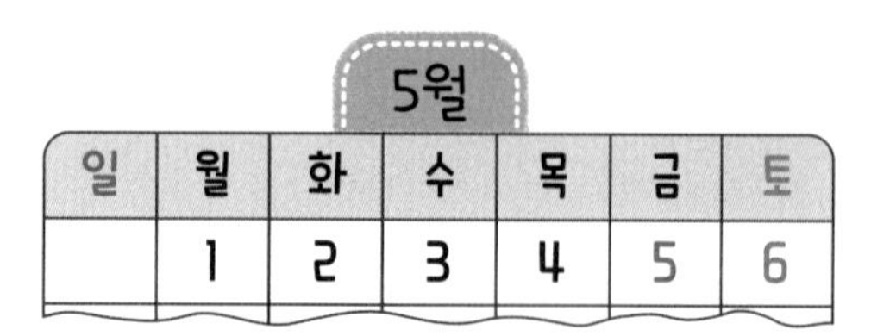
5월

일	월	화	수	목	금	토
	1	2	3	4	5	6

❶ 5월의 넷째 금요일의 날짜는?

답 ____________________

3 연수는 물놀이를 4시 35분에 시작하여 5시 40분까지 했고, 준기는 5시 10분에 시작하여 6시 20분까지 했습니다. 물놀이를 더 오래 한 사람은 누구인가요?

❶ 연수가 물놀이를 한 시간은?

❷ 준기가 물놀이를 한 시간은?

❸ 물놀이를 더 오래 한 사람은?

답 ______________

4 오른쪽은 어느 해의 12월 달력의 일부분입니다. 12월 27일은 무슨 요일인가요?

12월

일	월	화	수	목	금	토
					1	2
3	4	5	6	7	8	9

❶ 27일과 요일이 같은 날짜를 모두 구하면?

❷ 12월 27일은 무슨 요일인지 구하면?

답 ______________

문장제 연습하기 기간 구하기 / ~일 후의 날짜 구하기

어느 문화 회관에서 / 4월 7일부터 5월 17일까지 / 어린이 미술 작품 전시회를 합니다. / 전시회를 하는 기간은 며칠인가요?

→ ★ 구해야 할 것

어린이 미술 작품 전시회

전시 기간: 4월 7일 ~5월 17일

✔ 전시회가 시작되는 날짜는? → □월 □일

✔ 전시회가 끝나는 날짜는? → □월 □일

★ 구해야 할 것은?

→ 전시회를 하는 기간

풀이 과정

❶ 4월에 전시회를 하는 기간은?

4월은 □일까지 있으므로 4월 7일부터 4월 □일까지의 기간은 □ $-7+1=$ □(일)입니다.

→ 4월 7일도 포함해야 하므로 1을 더합니다.

❷ 5월에 전시회를 하는 기간은?

5월 1일부터 5월 17일까지의 기간은 □일입니다.

❸ 전시회를 하는 기간은?

□ $+$ □ $=$ □(일)

4월 7일~4월 30일 / 5월 1일~5월 17일

답 ________

정답과 해설 21쪽

왼쪽 ❶번과 같이 문제에 색칠하고 밑줄을 그어 가며 문제를 풀어 보세요.

1-1

오늘은 11월 3일입니다. / 정현이는 오늘부터 55일 후에 / 피아노 대회에 참가합니다. / 정현이가 피아노 대회에 참가하는 날짜는 / 몇 월 며칠인가요?

문제 돋보기

✔ 오늘 날짜는? → ☐월 ☐일

✔ 정현이가 피아노 대회에 참가하는 날짜는? → 오늘부터 ☐일 후

★ 구해야 할 것은?

→ ____________________

풀이 과정

❶ 11월의 마지막 날짜는?

11월의 마지막 날짜는 11월 ☐일입니다.

❷ 정현이가 피아노 대회에 참가하는 날짜는?

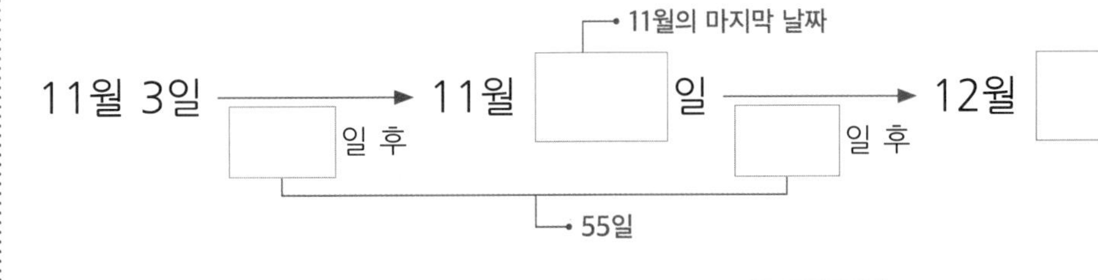

⇨ 피아노 대회에 참가하는 날짜는 12월 ☐일입니다.

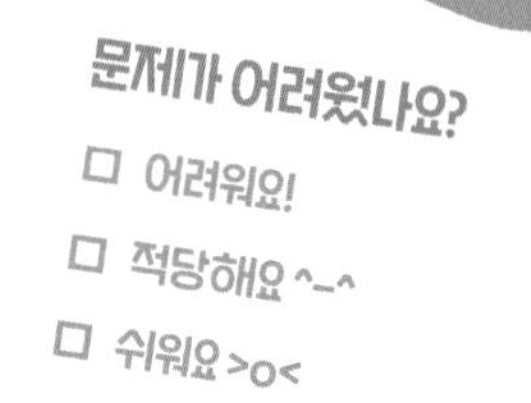

문제가 어려웠나요?

☐ 어려워요!

☐ 적당해요 ^_^

☐ 쉬워요 >o<

답 

일정하게 빨라지는(느려지는) 시계의 시각 구하기

2 1시간에 1분씩 빨라지는 시계가 있습니다. / 이 시계의 시각을 / 오늘 오전 9시에 정확하게 맞추었다면 / 오늘 오후 2시에 / 이 시계가 나타내는 시각은 / 오후 몇 시 몇 분인가요?

★ 구해야 할 것

문제 돋보기

✔ 시계가 1시간에 1분씩 빨라지면 1시간 후에 나타내는 시각은?

→ 1시간 후의 시각보다 □분 후의 시각을 나타냅니다.

✔ 시계의 시각을 정확하게 맞춘 시각은? → 오전 □시

★ 구해야 할 것은?

→ 오늘 오후 2시에 시계가 나타내는 시각

풀이 과정

❶ 오전 9시부터 오후 2시까지는 몇 시간?

오전 9시부터 오후 2시까지는 □시간입니다.

❷ 오전 9시부터 오후 2시까지 시계가 빨라지는 시간은?

시계가 1시간에 □분씩 빨라지므로 오후 2시까지

□ × □ = □(분) 빨라집니다.

└ 1시간에 빨라지는 시간

❸ 오후 2시에 이 시계가 나타내는 시각은?

오후 2시에서 □분 후의 시각 ⇨ 오후 □시 □분

답 ____________________

정답과 해설 21쪽

왼쪽 ❷번과 같이 문제에 색칠하고 밑줄을 그어 가며 문제를 풀어 보세요.

2-1 1시간에 5분씩 느려지는 시계가 있습니다. / 이 시계의 시각을 / 오늘 오전 11시에 정확하게 맞추었다면 / 오늘 오후 8시에 / 이 시계가 나타내는 시각은 / 오후 몇 시 몇 분인가요?

문제 돋보기

✔ 시계가 1시간에 5분씩 느려지면 1시간 후에 나타내는 시각은?

→ 1시간 후의 시각보다 ☐분 전의 시각을 나타냅니다.

✔ 시계의 시각을 정확하게 맞춘 시각은? → 오전 ☐시

★ 구해야 할 것은?

→ ______________________

풀이 과정

❶ 오전 11시부터 오후 8시까지는 몇 시간?

오전 11시부터 오후 8시까지는 ☐시간입니다.

❷ 오전 11시부터 오후 8시까지 시계가 느려지는 시간은?

시계가 1시간에 ☐분씩 느려지므로 오후 8시까지

☐ × ☐ = ☐(분) 느려집니다.

└ 1시간에 느려지는 시간

❸ 오후 8시에 이 시계가 나타내는 시각은?

오후 8시에서 ☐분 전의 시각

⇨ 오후 ☐시 ☐분

답 ______________

문제가 어려웠나요?

☐ 어려워요!

☐ 적당해요 ^-^

☐ 쉬워요 >o<

◆ 기간 구하기 / ~일 후의 날짜 구하기
◆ 일정하게 빨라지는(느려지는) 시계의 시각 구하기

문제를 읽고 '연습하기'에서 했던 것처럼 밑줄을 그어 가며 문제를 풀어 보세요.

1 성진이는 7월 21일부터 8월 13일까지 가족 여행을 갑니다.
가족 여행을 하는 기간은 며칠인가요?

❶ 7월의 여행 기간은?

❷ 8월의 여행 기간은?

❸ 가족 여행을 하는 기간은?

답 ______________

2 오늘은 3월 7일입니다. 민정이는 오늘부터 70일 후에 웅변 대회에 참가합니다.
민정이가 웅변 대회에 참가하는 날짜는 몇 월 며칠인가요?

❶ 3월의 마지막 날짜는?

❷ 민정이가 웅변 대회에 참가하는 날짜는?

답 ______________

정답과 해설 22쪽

3 1시간에 3분씩 빨라지는 시계가 있습니다. 이 시계의 시각을 오늘 오후 3시에 정확하게 맞추었다면 오늘 오후 11시에 이 시계가 나타내는 시각은 오후 몇 시 몇 분인가요?

❶ 오후 3시부터 오후 11시까지는 몇 시간?

❷ 오후 3시부터 오후 11시까지 시계가 빨라지는 시간은?

❸ 오후 11시에 이 시계가 나타내는 시각은?

답 ______________________

4 1시간에 1분씩 느려지는 시계가 있습니다. 이 시계의 시각을 오늘 오전 7시에 정확하게 맞추었다면 내일 오후 1시에 이 시계가 나타내는 시각은 오후 몇 시 몇 분인가요?

❶ 오늘 오전 7시부터 내일 오후 1시까지는 몇 시간?

❷ 오늘 오전 7시부터 내일 오후 1시까지 시계가 느려지는 시간은?

❸ 내일 오후 1시에 이 시계가 나타내는 시각은?

답 ______________________

14일 단원 마무리

84쪽 걸린 시간을 구하여 비교하기

1 은지와 형우가 사과 따기 체험을 시작한 시각과 끝낸 시각입니다. 사과 따기 체험을 더 오래 한 사람은 누구인가요?

	시작한 시각	끝낸 시각
은지	1시 50분	2시 30분
형우	2시 20분	3시 15분

풀이

탑 ____________________

86쪽 달력의 일부분을 보고 날짜(요일) 구하기

2 오른쪽은 어느 해의 1월 달력의 일부분입니다. 1월의 셋째 목요일은 며칠인가요?

1월

일	월	화	수	목	금	토
1	2	3	4	5	6	7

풀이

탑 ____________________

86쪽 달력의 일부분을 보고 날짜(요일) 구하기

3 올해 11월 3일은 금요일입니다. 올해 지민이의 생일은 11월 넷째 금요일입니다. 지민이의 생일은 몇 월 며칠인가요?

풀이

답

86쪽 달력의 일부분을 보고 날짜(요일) 구하기

4 오른쪽은 어느 해의 8월 달력의 일부분입니다. 8월 29일은 무슨 요일인가요?

8월

일	월	화	수	목	금	토
		1	2	3	4	5

풀이

답

84쪽 걸린 시간을 구하여 비교하기

5 선희는 피아노 연습을 4시에 시작하여 5시 5분에 끝냈고, 윤수는 4시 45분에 시작하여 6시에 끝냈습니다. 피아노 연습을 더 오래 한 사람은 누구인가요?

풀이

답

90쪽 기간 구하기 / ~일 후의 날짜 구하기

6 어느 박물관에서 6월 8일부터 7월 19일까지 도자기 전시회를 합니다. 전시회를 하는 기간은 며칠인가요?

풀이

답 ______________

90쪽 기간 구하기 / ~일 후의 날짜 구하기

7 오늘은 9월 10일입니다. 은진이는 오늘부터 60일 후에 태권도 대회에 참가합니다. 은진이가 태권도 대회에 참가하는 날짜는 몇 월 며칠인가요?

풀이

답 ______________

92쪽 일정하게 빨라지는(느려지는) 시계의 시각 구하기

8 1시간에 5분씩 빨라지는 시계가 있습니다. 이 시계의 시각을 오늘 오전 10시에 정확하게 맞추었다면 오늘 오후 4시에 이 시계가 나타내는 시각은 오후 몇 시 몇 분인가요?

풀이

답 ______________

맞은 개수 /10 개 걸린 시간 /40분

정답과 해설 23쪽

92쪽 일정하게 빨라지는(느려지는) 시계의 시각 구하기

9 1시간에 4분씩 느려지는 시계가 있습니다. 이 시계의 시각을 오늘 오후 1시에 정확하게 맞추었다면 오늘 오후 10시에 이 시계가 나타내는 시각은 오후 몇 시 몇 분인가요?

풀이

답 ______

92쪽 일정하게 빨라지는(느려지는) 시계의 시각 구하기

일정하게 빨라지는 시계가 있습니다.
시원이는 시계가 얼마나 빨라지는지 알아보기 위해 오후 5시에 시계를 정확하게 맞춰 놓고 5시간 후에 시계를 보았더니 오른쪽과 같았습니다.
이 시계는 1시간에 몇 분씩 빨라지나요?

❶ 오후 5시에서 5시간 후의 시각은?

❷ 5시간 동안 몇 분 빨라졌는지 구하면?

❸ 이 시계는 1시간에 몇 분씩 빨라지는지 구하면?

답 ______

✂ 정답과 해설 39쪽에 붙이면 동물들이 식탁을 완성할 수 있어요!

5 표와 그래프

· 가장 많은(적은) 항목의 수 구하기

· 그래프의 일부를 보고 항목의 수 구하기

· 조건에 맞게 표 완성하기

· 두 그래프를 보고 항목의 수 구하기

17일

단원 마무리

함께 이야기해요!

요리를 만들며 그래프를 완성하고, 알맞은 말을 써 보세요.

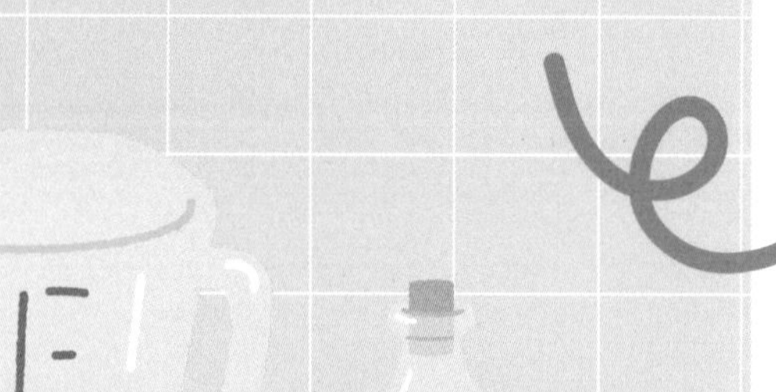

RECIPE

피자 만들기

준비물

밀가루, 달걀

피망, 감자, 햄

토마토, 치즈

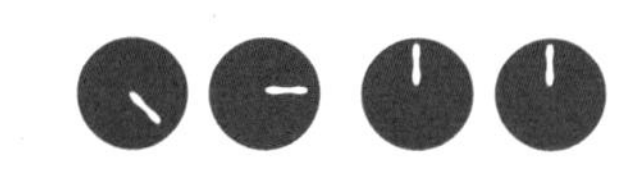

좋아하는 피자별 학생 수를 표로 나타내면 다음과 같아.

좋아하는 피자별 학생 수

종류	불고기	치즈	고구마	합계
학생 수(명)	4	3	1	8

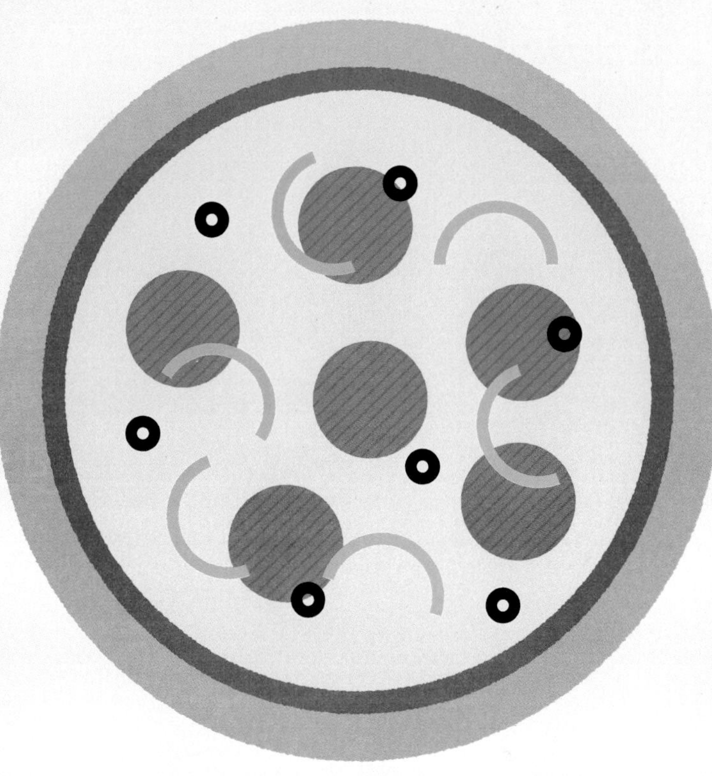

가장 많은 학생들이 좋아하는 피자는

[ ] 피자야.

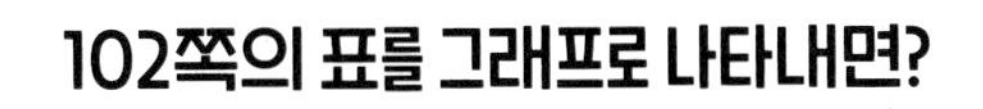

102쪽의 표를 그래프로 나타내면?

좋아하는 피자별 학생 수

4	○		
3	○		
2	○		
1	○		
학생 수(명) / 종류	불고기	치즈	고구마

가장 많은(적은) 항목의 수 구하기

연수네 모둠 학생들이 수학 문제를 풀어서 / 맞히면 ○표, 틀리면 ×표를 하여 / 나타낸 것입니다. / 수학 문제를 / 가장 많이 맞힌 학생은 누구인가요?

★ 구해야 할 것

수학 문제를 푼 결과

번호(번) / 이름	1	2	3	4	5	6	7	8	9	10
연수	○	×	○	×	○	○	×	○	○	×
명혜	○	○	○	○	×	○	○	×	○	○
준기	○	○	○	○	○	×	○	○	×	×

문제 돋보기

★ 구해야 할 것은?

→ 수학 문제를 가장 많이 맞힌 학생

✔ 맞힌 문제 수를 구하려면? → (○ , ×)표 한 개수를 구합니다.

알맞은 것에 ○표 하기

풀이 과정

❶ 학생별 맞힌 문제 수를 세어 표로 나타내면?

학생별 맞힌 문제 수

이름	연수	명혜	준기	합계
맞힌 문제 수(개)				

❷ 수학 문제를 가장 많이 맞힌 학생은?

학생별 맞힌 문제 수를 비교하면 ☐ > ☐ > ☐ 이므로

수학 문제를 가장 많이 맞힌 학생은 ☐ 입니다.

답 ________

정답과 해설 24쪽

왼쪽 ❶번과 같이 문제에 색칠하고 밑줄을 그어 가며 문제를 풀어 보세요.

1-1 은미네 모둠 학생들이 투호 놀이를 하여 / 화살을 넣으면 ○표, / 넣지 못하면 ×표를 하여 나타낸 것입니다. / 화살을 가장 적게 넣은 학생은 누구인가요?

투호 놀이 결과

순서 / 이름	1	2	3	4	5	6	7	8	9	10
은미	○	×	○	×	×	○	○	×	×	×
성재	×	○	○	○	×	×	×	○	○	○
태호	×	×	×	×	○	×	×	○	×	○
선유	○	○	×	×	○	○	○	×	×	×

문제 돋보기

★ 구해야 할 것은?

→ ______________________

✔ 넣은 화살 수를 구하려면? → (○ , ×)표 한 개수를 구합니다.

풀이 과정

❶ 학생별 넣은 화살 수를 세어 표로 나타내면?

학생별 넣은 화살 수

이름	은미	성재	태호	선유	합계
넣은 화살 수(개)					

❷ 화살을 가장 적게 넣은 학생은?

학생별 넣은 화살 수를 비교하면 □ < □ < □ < □

이므로 화살을 가장 적게 넣은 학생은 □ 입니다.

답 ______________________

문제가 어려웠나요?

□ 어려워요!

□ 적당해요 ^_^

□ 쉬워요 >o<

문장제 연습하기

그래프의 일부를 보고 항목의 수 구하기

2

영진이네 모둠 학생 10명이 / 좋아하는 음식을 조사하여 / 그래프로 나타내었습니다. /
가장 많은 학생들이 / 좋아하는 음식은 무엇인가요?

★ 구해야 할 것

좋아하는 음식별 학생 수

4				
3		○		
2	○	○		
1	○	○	○	
학생 수(명) / 음식	피자	떡볶이	김밥	치킨

문제 돋보기

✔ 조사한 학생 수는? → ☐ 명

✔ 피자, 떡볶이, 김밥을 좋아하는 학생 수는?

→ 피자: ☐ 명, 떡볶이: ☐ 명, 김밥: ☐ 명

★ 구해야 할 것은?

→ 가장 많은 학생들이 좋아하는 음식

풀이 과정

❶ 치킨을 좋아하는 학생 수는?

☐ − ☐(피자) − ☐(떡볶이) − ☐(김밥) = ☐ (명)

❷ 가장 많은 학생들이 좋아하는 음식은?

좋아하는 음식별 학생 수를 비교하면 ☐ > ☐ > ☐ > ☐

이므로 가장 많은 학생들이 좋아하는 음식은 ☐ 입니다.

답 ________

정답과 해설 25쪽

왼쪽 ❷번과 같이 문제에 색칠하고 밑줄을 그어 가며 문제를 풀어 보세요.

2-1

승준이가 한 달 동안 읽은 / 책 수를 조사하여 / 그래프로 나타내었습니다. / 승준이가 한 달 동안 / 책을 9권 읽었을 때, / 가장 적게 읽은 책은 무엇인가요?

한 달 동안 읽은 종류별 책 수

동화책	○	○	○	○
위인전				
만화책	○	○		
종류 / 책 수(권)	1	2	3	4

문제 돋보기

✔ 승준이가 한 달 동안 읽은 책 수는? → ☐권

✔ 승준이가 읽은 동화책과 만화책의 수는?

→ 동화책: ☐권, 만화책: ☐권

★ 구해야 할 것은?

→ ______________________

풀이 과정

❶ 승준이가 읽은 위인전의 수는?

☐ − ☐(동화책) − ☐(만화책) = ☐(권)

❷ 승준이가 가장 적게 읽은 책은?

승준이가 읽은 종류별 책 수를 비교하면 ☐ < ☐ < ☐

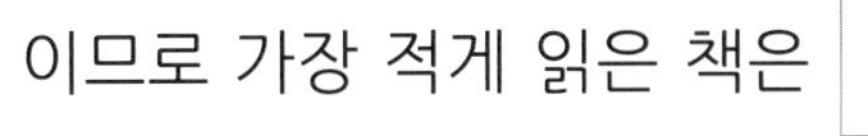

이므로 가장 적게 읽은 책은 ☐입니다.

답 ______________

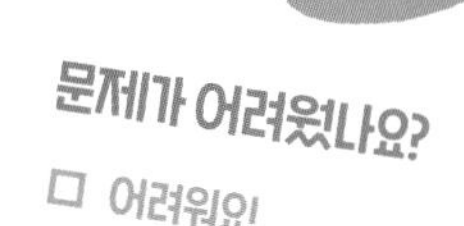

◆ 가장 많은(적은) 항목의 수 구하기

◆ 그래프의 일부를 보고 항목의 수 구하기

문제를 읽고 '연습하기'에서 했던 것처럼 밑줄을 그어 가며 문제를 풀어 보세요.

1 은지네 모둠 학생들이 농구공 넣기를 하여 공을 넣으면 ○표, 넣지 못하면 ×표를 하여 나타낸 것입니다. 공을 가장 많이 넣은 학생은 가장 적게 넣은 학생보다 몇 개 더 많이 넣었는지 구해 보세요.

농구공 넣기 결과

순서 이름	1	2	3	4	5	6	7	8	9	10
은지	×	○	○	×	○	×	○	×	○	○
준하	○	○	×	○	×	×	○	×	×	○
현주	×	○	×	×	○	×	×	○	×	×
정태	○	×	○	○	×	○	×	○	○	○

❶ 학생별 넣은 공 수를 세어 표로 나타내면?

학생별 넣은 공 수

이름	은지	준하	현주	정태	합계
넣은 공 수(개)					

❷ 공을 가장 많이 넣은 학생과 가장 적게 넣은 학생을 각각 구하면?

❸ 공을 가장 많이 넣은 학생은 가장 적게 넣은 학생보다 몇 개 더 많이 넣었는지 구하면?

답 ______________

정답과 해설 25쪽

2 수빈이네 모둠 학생 14명이 좋아하는 색깔을 조사하여 그래프로 나타내었습니다. 가장 많은 학생들이 좋아하는 색깔은 무엇인가요?

좋아하는 색깔별 학생 수

5				
4	○			
3	○	○		
2	○	○		○
1	○	○		○
학생 수(명) / 색깔	분홍	노랑	초록	파랑

❶ 초록을 좋아하는 학생 수는?

❷ 가장 많은 학생들이 좋아하는 색깔은?

답 ______________

3 기호네 농장에서 기르는 동물을 조사하여 그래프로 나타내었습니다. 농장에서 기르는 동물이 모두 13마리일 때, 소와 양은 모두 몇 마리인가요?

농장에서 기르는 동물의 수

소	○	○	○		
돼지	○	○	○	○	
닭	○	○	○	○	○
양					
동물 / 동물 수(마리)	1	2	3	4	5

❶ 농장에서 기르는 양의 수는?

❷ 농장에서 기르는 소와 양의 수의 합은?

답 ______________

16일 문장제 연습하기

조건에 맞게 표 완성하기

1 상미네 반 학생들이 배우는 악기를 조사하여 / 표로 나타내었습니다. / 피아노를 배우는 학생은 / 드럼을 배우는 학생보다 2명 더 많습니다. / 가장 많은 학생들이 배우는 악기는 무엇인가요?

★ 구해야 할 것

배우는 악기별 학생 수

악기	피아노	바이올린	플루트	드럼	합계
학생 수(명)		7	6		21

문제 돋보기

✔ 피아노를 배우는 학생 수는? → (드럼을 배우는 학생 수)+ ☐

★ 구해야 할 것은?

→ 가장 많은 학생들이 배우는 악기

풀이 과정

❶ 피아노를 배우는 학생 수와 드럼을 배우는 학생 수의 합은?

☐ − ☐(바이올린) − ☐(플루트) = ☐ (명)

❷ 피아노를 배우는 학생 수와 드럼을 배우는 학생 수를 각각 구하면?

드럼을 배우는 학생 수를 ■명이라 하면 피아노를 배우는 학생 수는 (■ + ☐)명이므로 ■ + ☐ + ■ = ☐, ■ = ☐ 입니다.

⇨ 피아노를 배우는 학생: ☐ 명, 드럼을 배우는 학생: ☐ 명

❸ 가장 많은 학생들이 배우는 악기는?

배우는 악기별 학생 수를 비교하면 ☐ > ☐ > ☐ > ☐ 이므로

가장 많은 학생들이 배우는 악기는 ☐ 입니다.

답 ____________

정답과 해설 26쪽

왼쪽 ❶번과 같이 문제에 색칠하고 밑줄을 그어 가며 문제를 풀어 보세요.

1-1 유림이네 반 학생들이 좋아하는 계절을 조사하여 / 표로 나타내었습니다. / 여름을 좋아하는 학생은 / 겨울을 좋아하는 학생보다 3명 더 많습니다. / 가장 적은 학생들이 좋아하는 계절은 무엇인가요?

좋아하는 계절별 학생 수

계절	봄	여름	가을	겨울	합계
학생 수(명)	5		9		23

문제 돋보기

✔ 여름을 좋아하는 학생 수는? → (겨울을 좋아하는 학생 수)+□

★ 구해야 할 것은?

→ ______

풀이 과정

❶ 여름을 좋아하는 학생 수와 겨울을 좋아하는 학생 수의 합은?

□ − □(봄) − □(가을) = □(명)

❷ 여름을 좋아하는 학생 수와 겨울을 좋아하는 학생 수를 각각 구하면?

겨울을 좋아하는 학생 수를 ■명이라 하면 여름을 좋아하는 학생 수는

(■+□)명이므로 ■+□+■=□, ■=□입니다.

⇨ 여름을 좋아하는 학생: □명, 겨울을 좋아하는 학생: □명

❸ 가장 적은 학생들이 좋아하는 계절은?

좋아하는 계절별 학생 수를 비교하면 □ < □ < □ < □

이므로 가장 적은 학생들이 좋아하는 계절은 □입니다.

답 ______

문제가 어려웠나요?
□ 어려워요!
□ 적당해요 ^-^
□ 쉬워요 >o<

문장제 연습하기

두 그래프를 보고 항목의 수 구하기

2 다은이네 모둠과 지환이네 모둠 학생들이 / 좋아하는 꽃을 조사하여 / 그래프로 나타내었습니다. /
지환이네 모둠이 다은이네 모둠보다 / 학생 수가 1명 더 많다면 /
다은이네 모둠에서 / 장미를 좋아하는 학생은 몇 명인가요?

★ 구해야 할 것

다은이네 모둠

4			○	
3			○	○
2			○	○
1		○	○	○
학생 수(명) / 꽃	장미	국화	튤립	백합

지환이네 모둠

4		○		
3	○	○	○	
2	○	○	○	
1	○	○	○	○
학생 수(명) / 꽃	장미	국화	튤립	백합

문제 돋보기

✓ 지환이네 모둠 학생 수는? → 다은이네 모둠보다 ☐ 명 더 많습니다.

★ 구해야 할 것은?

→ 다은이네 모둠에서 장미를 좋아하는 학생 수

풀이 과정

❶ 지환이네 모둠 학생 수는?

☐ + ☐ + ☐ + ☐ = ☐ (명)

❷ 다은이네 모둠 학생 수는? → 지환이네 모둠보다 1명 더 적습니다.

☐ − ☐ = ☐ (명)

❸ 다은이네 모둠에서 장미를 좋아하는 학생 수는?

☐ − ☐ − ☐ − ☐ = ☐ (명)

답 ______

정답과 해설 26쪽

왼쪽 ❷번과 같이 문제에 색칠하고 밑줄을 그어 가며 문제를 풀어 보세요.

2-1 세빈이네 모둠과 지은이네 모둠 학생들이 / 접은 종이배 수를 조사하여 / 그래프로 나타내었습니다. / 세빈이네 모둠이 지은이네 모둠보다 / 종이배를 2개 더 적게 접었다면 / 찬영이가 접은 종이배는 몇 개인가요?

세빈이네 모둠

5				
4				○
3		○	○	○
2	○	○	○	○
1	○	○	○	○
종이배 수(개) / 이름	세빈	명석	희영	재혁

지은이네 모둠

5	○			
4	○		○	
3	○		○	
2	○	○	○	
1	○	○	○	
종이배 수(개) / 이름	지은	현우	은재	찬영

문제 돋보기

✔ 세빈이네 모둠이 접은 종이배 수는?

→ 지은이네 모둠보다 ☐개 더 적습니다.

★ 구해야 할 것은?

→ ______________________

풀이 과정

❶ 세빈이네 모둠 학생들이 접은 종이배 수는?

☐ + ☐ + ☐ + ☐ = ☐(개)

❷ 지은이네 모둠 학생들이 접은 종이배 수는?

☐ + ☐ = ☐(개)

❸ 찬영이가 접은 종이배 수는?

☐ − ☐ − ☐ − ☐ = ☐(개)

답 ______________

문제가 어려웠나요?
☐ 어려워요!
☐ 적당해요 ^_^
☐ 쉬워요 >o<

◆ 조건에 맞게 표 완성하기
◆ 두 그래프를 보고 항목의 수 구하기

문제를 읽고 '연습하기'에서 했던 것처럼 밑줄을 그어 가며 문제를 풀어 보세요.

1 경수네 모둠 학생들이 가지고 있는 연필을 조사하여 표로 나타내었습니다.
혜미는 보라보다 연필을 5자루 더 많이 가지고 있습니다.
연필을 가장 많이 가지고 있는 학생은 누구인가요?

학생별 가지고 있는 연필 수

이름	경수	혜미	보라	창희	합계
연필 수(자루)	7			9	31

❶ 혜미와 보라가 가지고 있는 연필 수의 합은?

❷ 혜미가 가지고 있는 연필 수와 보라가 가지고 있는 연필 수를 각각 구하면?

❸ 연필을 가장 많이 가지고 있는 학생은?

답 ______________

2 재석이네 모둠과 세경이네 모둠 학생들의 취미를 조사하여 그래프로 나타내었습니다. 재석이네 모둠이 세경이네 모둠보다 학생 수가 1명 더 적다면 세경이네 모둠에서 독서가 취미인 학생은 몇 명인가요?

재석이네 모둠

5		○		
4	○	○		
3	○	○		
2	○	○	○	○
1	○	○	○	○
학생 수(명) / 취미	게임	운동	독서	여행

세경이네 모둠

5	○			
4	○			
3	○			○
2	○	○		○
1	○	○		○
학생 수(명) / 취미	게임	운동	독서	여행

❶ 재석이네 모둠 학생 수는?

❷ 세경이네 모둠 학생 수는?

❸ 세경이네 모둠에서 독서가 취미인 학생 수는?

답 ____________

17일

단원 마무리

104쪽 가장 많은(적은) 항목의 수 구하기

1 다희네 모둠 학생들이 장애물 넘기를 하여 장애물을 넘으면 ○표, 넘지 못하면 ×표를 하여 나타낸 것입니다. 장애물을 가장 많이 넘은 학생은 누구인가요?

장애물 넘기 결과

이름 \ 순서	1	2	3	4	5	6	7	8	9	10
다희	○	○	×	×	○	×	○	×	○	○
현호	×	○	○	×	○	○	×	○	○	○
남주	○	×	○	×	○	○	×	○	×	×

풀이

답 ______________

106쪽 그래프의 일부를 보고 항목의 수 구하기

2 수정이네 모둠 학생 15명이 좋아하는 과일을 조사하여 그래프로 나타내었습니다. 가장 많은 학생들이 좋아하는 과일은 무엇인가요?

좋아하는 과일별 학생 수

5				
4				○
3	○	○		○
2	○	○		○
1	○	○		○
학생 수(명) / 과일	사과	포도	딸기	수박

풀이

답 ______________

104쪽 가장 많은(적은) 항목의 수 구하기

3 진우네 모둠 학생들이 국어 문제를 풀어서 맞히면 ○표, 틀리면 ×표를 하여 나타낸 것입니다. 국어 문제를 가장 많이 맞힌 학생은 가장 적게 맞힌 학생보다 몇 개 더 많이 맞혔나요?

국어 문제를 푼 결과

번호(번) / 이름	1	2	3	4	5	6	7	8	9	10
진우	×	○	○	○	×	○	○	○	○	×
영주	○	○	×	×	○	×	○	○	×	○
은혜	○	×	○	○	○	○	×	○	○	○

풀이

답 ______

106쪽 그래프의 일부를 보고 항목의 수 구하기

4 성은이네 모둠 학생 17명의 장래 희망을 조사하여 그래프로 나타내었습니다. 장래 희망이 의사인 학생과 연예인인 학생은 모두 몇 명인가요?

장래 희망별 학생 수

선생님	○	○	○	○	
경찰관	○	○	○		
의사	○	○	○	○	○
연예인					
장래 희망 / 학생 수(명)	1	2	3	4	5

풀이

답 ______

단원 마무리

110쪽 조건에 맞게 표 완성하기

5 윤진이네 반 학생들이 좋아하는 민속놀이를 조사하여 표로 나타내었습니다. 딱지치기를 좋아하는 학생은 연날리기를 좋아하는 학생보다 2명 더 많습니다. 가장 적은 학생들이 좋아하는 민속놀이는 무엇인가요?

좋아하는 민속놀이별 학생 수

민속놀이	윷놀이	딱지치기	제기차기	연날리기	합계
학생 수(명)	8		6		22

풀이

답 ____________

110쪽 조건에 맞게 표 완성하기

6 시원이네 반 학생들이 필요한 학용품을 조사하여 표로 나타내었습니다. 필요한 자의 수는 가위의 수보다 5개 더 적습니다. 가장 많이 필요한 학용품은 무엇인가요?

필요한 학용품 수

학용품	자	가위	풀	지우개	합계
학용품 수(개)			7	3	25

풀이

답 ____________

정답과 해설 28쪽

도전문제 7

112쪽 두 그래프를 보고 항목의 수 구하기

우영이네 모둠과 경진이네 모둠 학생들이 좋아하는 동물을 조사하여 그래프로 나타내었습니다. 토끼를 좋아하는 학생은 경진이네 모둠이 우영이네 모둠보다 2명 더 많습니다. 두 모둠의 학생 수의 합이 27명일 때, 우영이네 모둠 학생은 모두 몇 명인가요?

우영이네 모둠

5		○		
4		○		○
3	○	○		○
2	○	○		○
1	○	○		○
학생 수(명) / 동물	강아지	고양이	토끼	앵무새

경진이네 모둠

5	○			
4	○			
3	○			○
2	○			○
1	○	○		○
학생 수(명) / 동물	강아지	고양이	토끼	앵무새

❶ 두 모둠에서 토끼를 좋아하는 학생 수의 합은?

❷ 우영이네 모둠에서 토끼를 좋아하는 학생 수는?

❸ 우영이네 모둠 학생 수는?

답 ____________

6 규칙 찾기

내가 입은 바지를
색칠하여 꾸며 봐!

· 늘어놓은 수에서 규칙 찾기

· 쌓기나무를 쌓은 규칙 찾기

19일

· 덧셈표, 곱셈표에서 규칙 찾기

· 규칙에 따라 늘어놓은 모양의 수 구하기

20일

단원 마무리

문장제 준비하기

함께 이야기해요!

요리를 만들며 알맞은 말에 ○표 하고, 빈칸에 알맞은 수를 써 보세요.

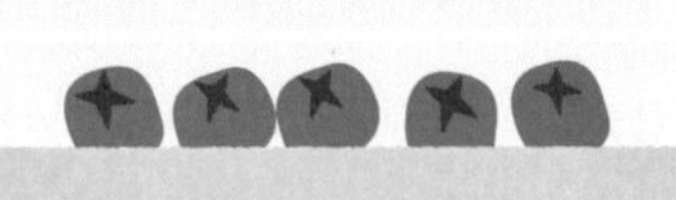

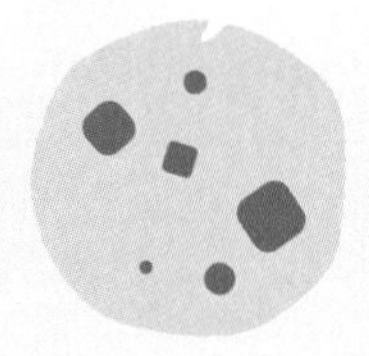

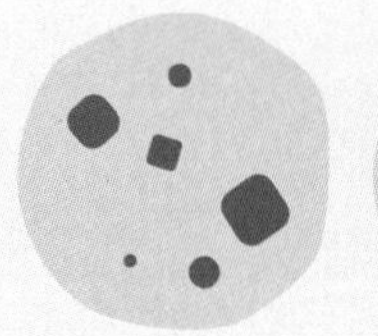

토핑을 규칙적으로 올려놓았어.
다섯 번째 쿠키 반죽에는
(블루베리 , 초코칩) 토핑을 올려야겠네.

규칙에 따라 다음과 같이 초콜릿을 놓을 때,

다음에 놓일 초콜릿은  개야.

늘어놓은 수에서 규칙 찾기

1

규칙에 따라 수를 늘어놓은 것입니다. /
13번째에 놓이는 수를 구해 보세요.

★ 구해야 할 것

2 3 4 2 3 4 2 3 4……

문제 돋보기

✔ 반복되는 수는?

→ 2, ☐, ☐ 이(가) 반복됩니다.

★ 구해야 할 것은?

→ 13번째에 놓이는 수

풀이 과정

❶ 반복되는 수의 마지막 수의 순서는?

☐개의 수가 반복되므로 반복되는 수의 마지막 수인 ☐의 순서는 3번째, ☐번째, ☐번째, ……입니다.

❷ 13번째에 놓이는 수는?

12번째의 수는 ☐이므로 13번째의 수는 바로 다음에 놓이는 수인 ☐입니다.

답 ______________

정답과 해설 29쪽

왼쪽 ❶번과 같이 문제에 색칠하고 밑줄을 그어 가며 문제를 풀어 보세요.

1-1

규칙에 따라 수를 늘어놓은 것입니다. / 18번째에 놓이는 수를 구해 보세요.

3 5 7 9 3 5 7 9 3 5 7 9 ……

문제 돋보기

✔ 반복되는 수는?

→ 3, ☐, ☐, ☐ 이(가) 반복됩니다.

★ 구해야 할 것은?

→ ______________________

풀이 과정

❶ 반복되는 수의 마지막 수의 순서는?

☐ 개의 수가 반복되므로 반복되는 수의 마지막 수인 ☐ 의 순서는

4번째, ☐ 번째, ☐ 번째, ……입니다.

❷ 18번째에 놓이는 수는?

16번째의 수는 ☐ 이므로 17번째의 수는 ☐,

18번째의 수는 ☐ 입니다.

답 ______________

문제가 어려웠나요?

☐ 어려워요!

☐ 적당해요^-^

☐ 쉬워요>o<

쌓기나무를 쌓은 규칙 찾기

규칙에 따라 쌓기나무를 쌓고 있습니다. /
다섯 번째 모양에 쌓을 쌓기나무는 / 모두 몇 개인가요?

★ 구해야 할 것

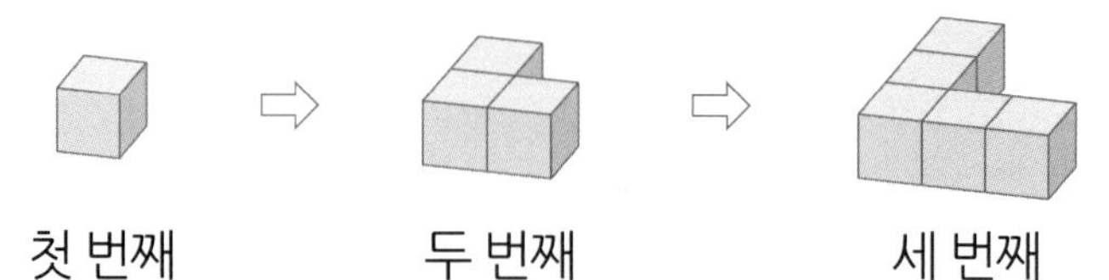

✔ 첫 번째, 두 번째, 세 번째 모양에 쌓은 쌓기나무의 수는?

→ 첫 번째: □개, 두 번째: □개, 세 번째: □개

★ 구해야 할 것은?

→ 다섯 번째 모양에 쌓을 쌓기나무의 수

풀이 과정

❶ 쌓기나무를 쌓은 규칙은?

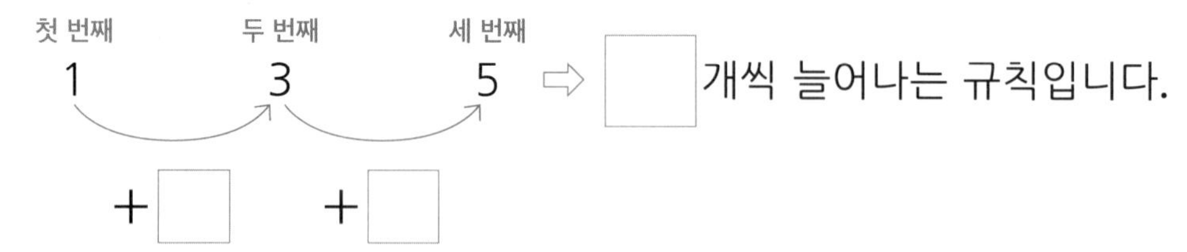

⇨ □개씩 늘어나는 규칙입니다.

❷ 다섯 번째 모양에 쌓을 쌓기나무의 수는?

5+□+□=□(개)

답 ____________

정답과 해설 30쪽

왼쪽 ❷번과 같이 문제에 색칠하고 밑줄을 그어 가며 문제를 풀어 보세요.

2-1

규칙에 따라 쌓기나무를 쌓고 있습니다. / 쌓기나무를 7층으로 쌓기 위해 / 필요한 쌓기나무는 모두 몇 개인가요?

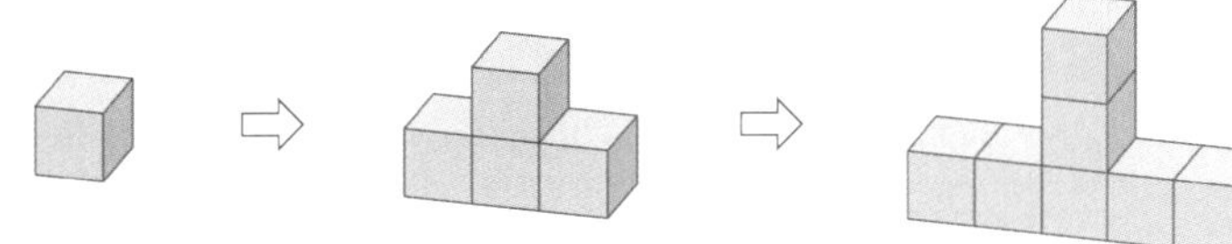

문제 돋보기

✔ 1층, 2층, 3층으로 쌓은 쌓기나무의 수는?

→ 1층짜리: □개, 2층짜리: □개, 3층짜리: □개

★ 구해야 할 것은?

→ ______________________

풀이 과정

❶ 쌓기나무를 쌓은 규칙은?

1개부터 시작하여 2층, 3층으로 쌓으면서

쌓기나무가 □개씩 늘어나는 규칙입니다.

❷ 7층으로 쌓기 위해 필요한 쌓기나무의 수는?

7+□+□+□+□=□(개)

답 ______________

문제가 어려웠나요?

□ 어려워요!

□ 적당해요 ^-^

□ 쉬워요 >o<

문제를 읽고 '연습하기'에서 했던 것처럼 밑줄을 그어 가며 문제를 풀어 보세요.

1 규칙에 따라 수를 늘어놓은 것입니다. 16번째에 놓이는 수를 구해 보세요.

1 3 5 1 3 5 1 3 5 ……

❶ 반복되는 수의 마지막 수의 순서는?

❷ 16번째에 놓이는 수는?

답 ____________

2 규칙에 따라 쌓기나무를 쌓고 있습니다. 다섯 번째 모양에 쌓을 쌓기나무는 모두 몇 개인가요?

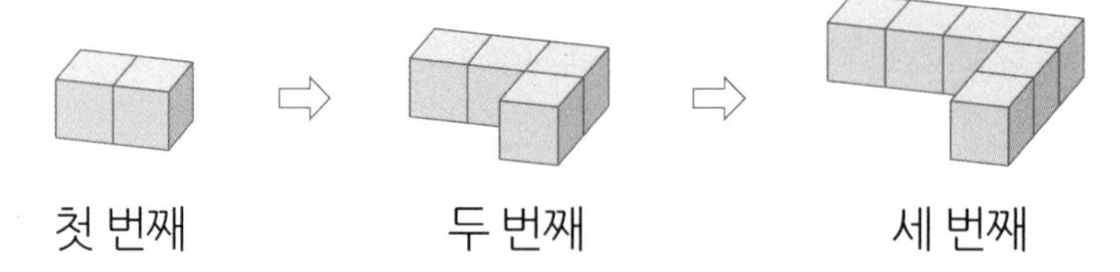

❶ 쌓기나무를 쌓은 규칙은?

❷ 다섯 번째 모양에 쌓을 쌓기나무의 수는?

답 ____________

정답과 해설 30쪽

3 규칙에 따라 수를 늘어놓은 것입니다. 23번째에 놓이는 수를 구해 보세요.

8 4 2 7 8 4 2 7 8 4 2 7 ……

❶ 반복되는 수의 마지막 수의 순서는?

❷ 23번째에 놓이는 수는?

답 ____________

4 규칙에 따라 쌓기나무를 쌓고 있습니다. 쌓기나무를 6층으로 쌓기 위해 필요한 쌓기나무는 모두 몇 개인가요?

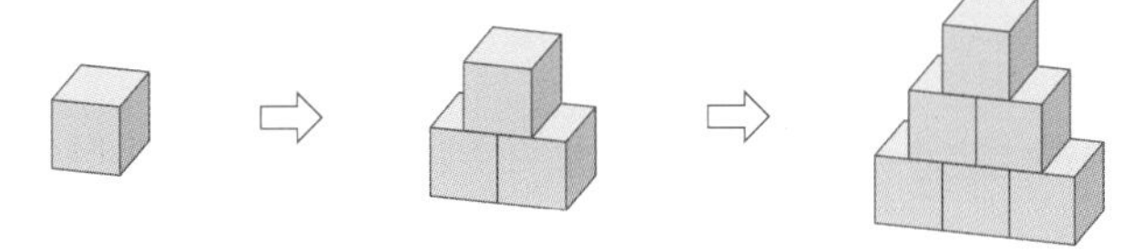

❶ 쌓기나무를 쌓은 규칙은?

❷ 6층으로 쌓기 위해 필요한 쌓기나무의 수는?

답 ____________

덧셈표, 곱셈표에서 규칙 찾기

1 오른쪽은 일정한 규칙을 정해 만든 / 덧셈표의 일부분입니다. / ㉠에 알맞은 수를 구해 보세요.

구해야 할 것

		9	11	
8	10	12		
	13	15		
				㉠

✔ 덧셈표에서 찾을 수 있는 규칙은?

→ 오른쪽으로 갈수록, 아래쪽으로 내려갈수록 일정한 수만큼씩 (커집니다 , 작아집니다).

알맞은 말에 ○표 하기

★ 구해야 할 것은?

→ ㉠에 알맞은 수

풀이 과정

❶ 덧셈표를 만든 규칙은?

같은 줄에서 오른쪽으로 갈수록 ☐ 씩 커지고,

아래쪽으로 내려갈수록 ☐ 씩 커집니다.

❷ ㉠에 알맞은 수는?

맨 아래 줄의 빈칸에 들어갈 수는 왼쪽부터 차례대로

☐, ☐, ☐ 입니다.

따라서 ㉠에 알맞은 수는 ☐ 입니다.

답 ______

정답과 해설 31쪽

왼쪽 ❶번과 같이 문제에 색칠하고 밑줄을 그어 가며 문제를 풀어 보세요.

1-1

오른쪽 곱셈표에서 / ㉠+㉡−㉢의 값을 구해 보세요.

×	2	㉠	4
3		9	
5			㉡
7	㉢	21	

문제 돋보기

✔ 곱셈표를 완성하려면?

→ 색칠된 세로줄과 가로줄에 있는 수의 (합 , 곱)을 구합니다.

★ 구해야 할 것은?

→ ______

풀이 과정

❶ ㉠, ㉡, ㉢에 알맞은 수를 각각 구하면?

$3\times$㉠$=$ □ 이므로 ㉠$=$ □ 입니다.

$5\times4=$㉡이므로 ㉡$=$ □ 입니다.

$7\times2=$㉢이므로 ㉢$=$ □ 입니다.

❷ ㉠+㉡−㉢의 값은?

□ + □ − □ = □

답 ______

문제가 어려웠나요?

□ 어려워요!

□ 적당해요 ^-^

□ 쉬워요 >o<

규칙에 따라 늘어놓은 모양의 수 구하기

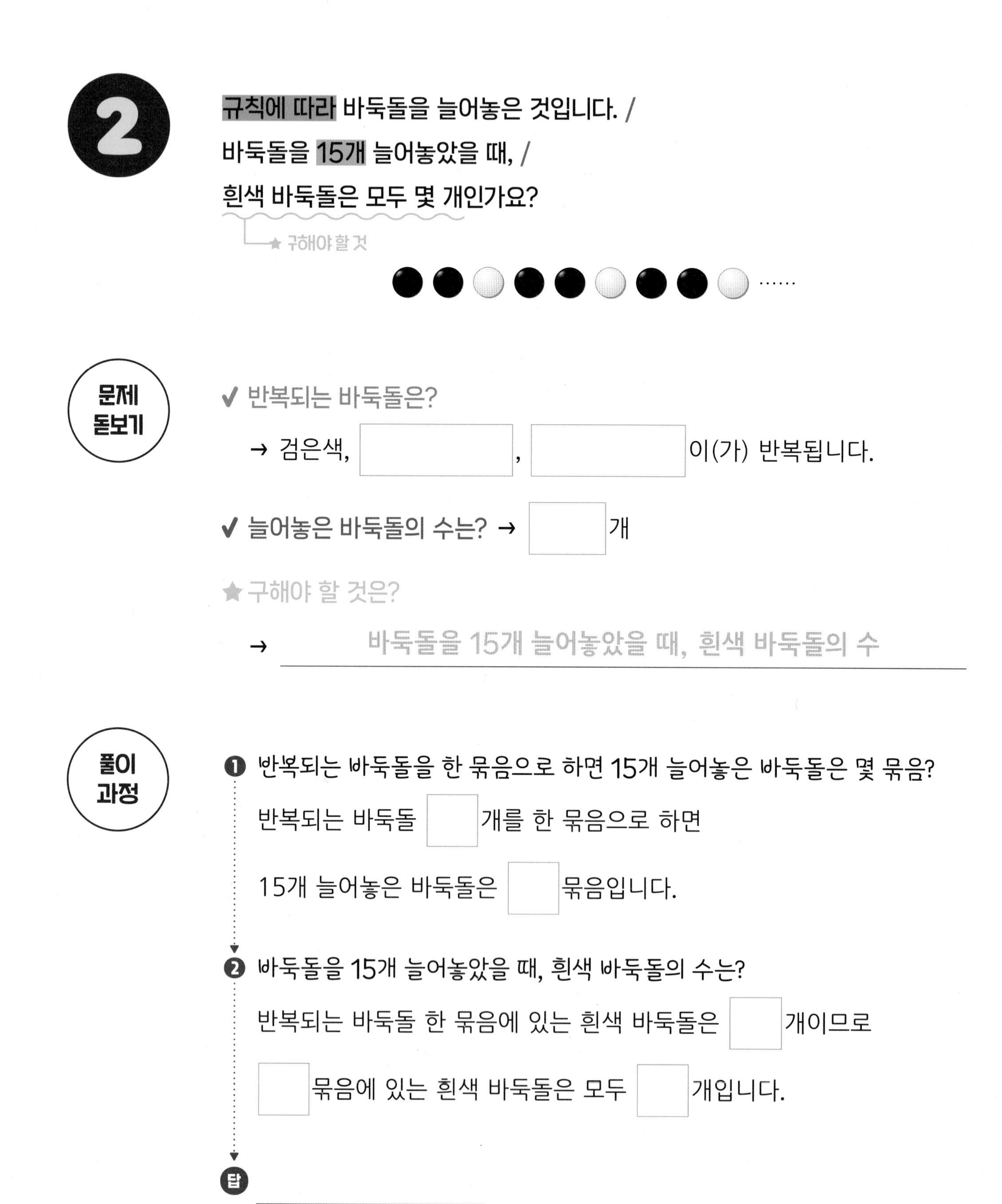

2 규칙에 따라 바둑돌을 늘어놓은 것입니다. /
바둑돌을 15개 늘어놓았을 때, /
흰색 바둑돌은 모두 몇 개인가요?

★ 구해야 할 것

●●○●●○●●○ ……

문제 돋보기

✔ 반복되는 바둑돌은?

→ 검은색, ☐, ☐ 이(가) 반복됩니다.

✔ 늘어놓은 바둑돌의 수는? → ☐ 개

★ 구해야 할 것은?

→ 바둑돌을 15개 늘어놓았을 때, 흰색 바둑돌의 수

풀이 과정

❶ 반복되는 바둑돌을 한 묶음으로 하면 15개 늘어놓은 바둑돌은 몇 묶음?

반복되는 바둑돌 ☐ 개를 한 묶음으로 하면

15개 늘어놓은 바둑돌은 ☐ 묶음입니다.

❷ 바둑돌을 15개 늘어놓았을 때, 흰색 바둑돌의 수는?

반복되는 바둑돌 한 묶음에 있는 흰색 바둑돌은 ☐ 개이므로

☐ 묶음에 있는 흰색 바둑돌은 모두 ☐ 개입니다.

탑 ____________

정답과 해설 31쪽

왼쪽 ❷번과 같이 문제에 색칠하고 밑줄을 그어 가며 문제를 풀어 보세요.

2-1

규칙에 따라 모양을 늘어놓은 것입니다. / 모양을 20개 늘어놓았을 때, / 삼각형 모양은 모두 몇 개인가요?

□ ○ △ △ □ ○ △ △ □ ○ △ △ ……

문제 돋보기

✔ 반복되는 모양은?

→ 사각형, ☐, 삼각형, ☐ 이(가) 반복됩니다.

✔ 늘어놓은 모양의 수는? → ☐ 개

★ 구해야 할 것은?

→ ____________________

풀이 과정

❶ 반복되는 모양을 한 묶음으로 하면 20개 늘어놓은 모양은 몇 묶음?

반복되는 모양 ☐ 개를 한 묶음으로 하면

20개 늘어놓은 모양은 ☐ 묶음입니다.

❷ 모양을 20개 늘어놓았을 때, 삼각형 모양의 수는?

반복되는 모양 한 묶음에 있는 삼각형 모양은 ☐ 개이므로

☐ 묶음에 있는 삼각형 모양은 모두

☐ 개입니다.

답 ____________

문제가 어려웠나요?

☐ 어려워요!

☐ 적당해요 ^_^

☐ 쉬워요 >o<

- 덧셈표, 곱셈표에서 규칙 찾기
- 규칙에 따라 늘어놓은 모양의 수 구하기

문제를 읽고 '연습하기'에서 했던 것처럼 밑줄을 그어 가며 문제를 풀어 보세요.

1 오른쪽은 일정한 규칙을 정해 만든 덧셈표의 일부분입니다. ㉠에 알맞은 수를 구해 보세요.

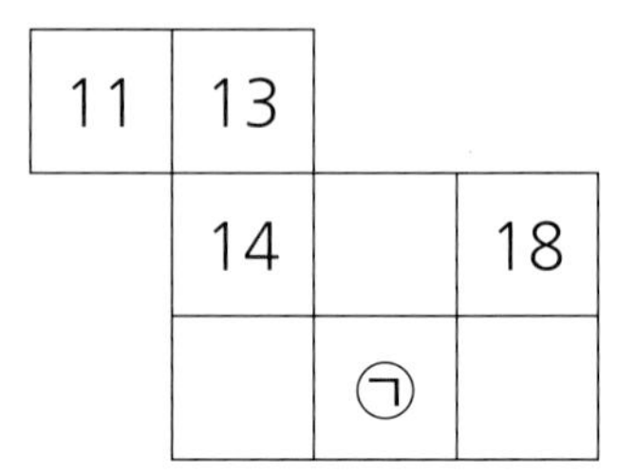

11	13		
	14		18
		㉠	

❶ 덧셈표를 만든 규칙은?

❷ ㉠에 알맞은 수는?

 ______________________

2 오른쪽 곱셈표에서 ㉠－㉡＋㉢의 값을 구해 보세요.

×	4	8
5	20	㉠
㉡	28	㉢

❶ ㉠, ㉡, ㉢에 알맞은 수를 각각 구하면?

❷ ㉠－㉡＋㉢의 값은?

탑 ______________________

정답과 해설 32쪽

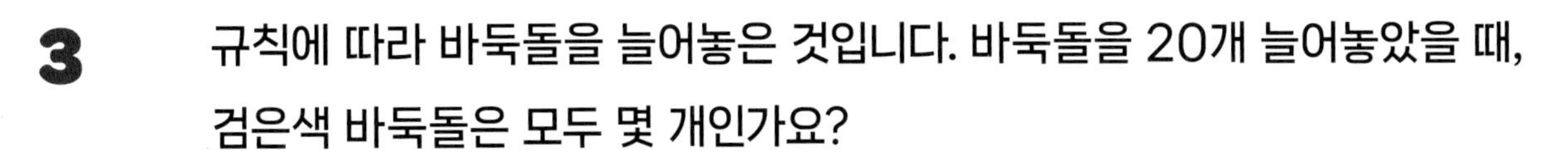

3 규칙에 따라 바둑돌을 늘어놓은 것입니다. 바둑돌을 20개 늘어놓았을 때, 검은색 바둑돌은 모두 몇 개인가요?

❶ 반복되는 바둑돌을 한 묶음으로 하면 20개 늘어놓은 바둑돌은 몇 묶음?

❷ 바둑돌을 20개 늘어놓았을 때, 검은색 바둑돌의 수는?

답 ______________

4 규칙에 따라 구슬을 실에 끼우고 있습니다. 구슬을 30개 끼웠을 때, 빨간색 구슬은 모두 몇 개인가요?

❶ 반복되는 구슬을 한 묶음으로 하면 30개 끼웠을 때 구슬은 몇 묶음?

❷ 구슬을 30개 끼웠을 때, 빨간색 구슬의 수는?

답 ______________

20일 단원 마무리

124쪽 늘어놓은 수에서 규칙 찾기

1 규칙에 따라 수를 늘어놓은 것입니다. 14번째에 놓이는 수를 구해 보세요.

3 6 9 3 6 9 3 6 9 ······

풀이

답

126쪽 쌓기나무를 쌓은 규칙 찾기

2 규칙에 따라 쌓기나무를 쌓고 있습니다. 쌓기나무를 7층으로 쌓기 위해 필요한 쌓기나무는 모두 몇 개인가요?

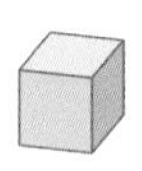  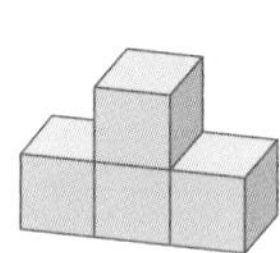  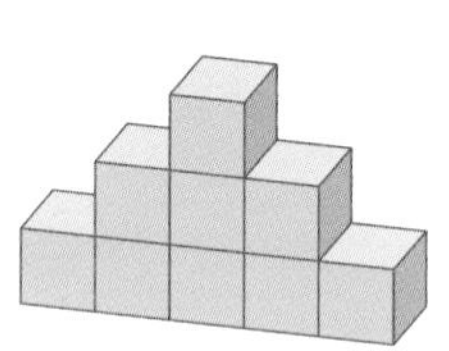

풀이

답

정답과 해설 32쪽

130쪽 덧셈표, 곱셈표에서 규칙 찾기

3 오른쪽은 일정한 규칙을 정해 만든 덧셈표의 일부분입니다. ㉠에 알맞은 수를 구해 보세요.

	7	8	9
	10		
	13		
		㉠	

풀이

답 ____________

130쪽 덧셈표, 곱셈표에서 규칙 찾기

4 오른쪽 곱셈표에서 ㉠－㉡＋㉢의 값을 구해 보세요.

×	3	5	㉠
2		10	12
㉡		20	
5		25	㉢

풀이

답 ____________

단원 마무리

124쪽 늘어놓은 수에서 규칙 찾기

5 규칙에 따라 수를 늘어놓은 것입니다. 20번째와 21번째에 놓이는 수의 합을 구해 보세요.

1 4 8 7 1 4 8 7 1 4 8 7 ……

풀이

답

132쪽 규칙에 따라 늘어놓은 모양의 수 구하기

6 규칙에 따라 모양을 늘어놓은 것입니다. 모양을 24개 늘어놓았을 때, 사각형 모양은 모두 몇 개인가요?

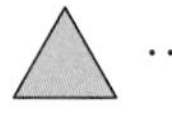

풀이

답

132쪽 규칙에 따라 늘어놓은 모양의 수 구하기

7 규칙에 따라 구슬을 실에 끼우고 있습니다. 구슬을 40개 끼웠을 때, 초록색 구슬은 모두 몇 개인가요?

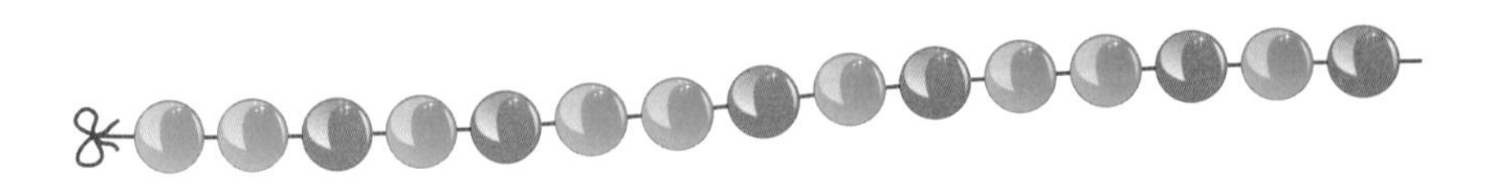

풀이

답

정답과 해설 33쪽

126쪽 쌓기나무를 쌓은 규칙 찾기

지후와 경미가 규칙에 따라 쌓기나무를 쌓고 있습니다.
두 사람이 각각 일곱 번째 모양에 쌓을 쌓기나무의 수의 차를 구해 보세요.

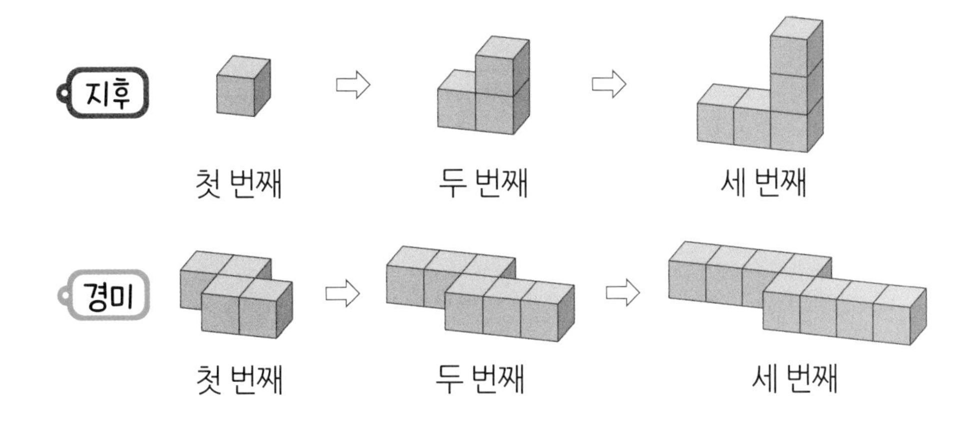

❶ 지후가 일곱 번째 모양에 쌓을 쌓기나무의 수는?

❷ 경미가 일곱 번째 모양에 쌓을 쌓기나무의 수는?

❸ 위 ❶, ❷에서 구한 쌓기나무의 수의 차는?

정답과 해설 39쪽에 붙이면 동물들이 사탕을 완성할 수 있어요!

1회 실력 평가

1 주영이가 공책을 사기 위해 1000원을 모으려고 합니다. 현재 500원짜리 동전 1개와 100원짜리 동전 1개를 모았습니다. 1000원이 되려면 얼마를 더 모아야 하나요?

풀이

답 ____________

2 한 봉지에 3자루씩 들어 있는 볼펜이 상자마다 2봉지 들어 있습니다. 4상자에 들어 있는 볼펜은 모두 몇 자루인가요?

풀이

답 ____________

3 오른쪽은 어느 해의 10월 달력의 일부분입니다. 10월의 셋째 수요일은 며칠인가요?

10월

일	월	화	수	목	금	토
				1	2	3
4	5	6	7	8	9	10

풀이

답 ____________

정답과 해설 34쪽

4 연준이네 모둠 학생들이 농구공 넣기를 하여 공을 넣으면 ○표, 넣지 못하면 ×표를 하여 나타낸 것입니다. 공을 가장 많이 넣은 학생은 누구인가요?

농구공 넣기 결과

순서 이름	1	2	3	4	5	6	7	8	9	10
연준	○	○	×	×	×	○	○	○	×	×
수빈	○	○	○	○	○	×	○	○	×	○
범규	×	○	×	×	×	×	×	○	×	×
태현	×	×	○	×	○	○	×	×	×	×

풀이

답 ____________________

5 노란색 끈의 길이는 30 cm입니다. 노란색 끈으로 책꽂이의 짧은 쪽의 길이를 재었더니 2번이었습니다. 분홍색 끈의 길이가 20 cm라면 분홍색 끈으로 책꽂이의 짧은 쪽의 길이를 재면 몇 번인가요?

답 ____________________

실력 평가

6 네 자리 수의 크기를 비교했습니다. 0부터 9까지의 수 중에서 □ 안에 들어갈 수 있는 가장 큰 수를 구해 보세요.

3138 > 31□9

풀이

탑 ____________

7 원현이는 청소를 2시 20분에 시작하여 3시 50분에 끝냈고, 사빈이는 3시 40분에 시작하여 4시 20분에 끝냈습니다. 청소를 더 짧게 한 사람은 누구인가요?

풀이

탑 ____________

8 3장의 수 카드 [0], [3], [8] 중에서 2장을 뽑아 한 번씩만 사용하여 곱셈식을 만들 때, 가장 작은 곱은 얼마인가요?

풀이

탑 ____________

맞은 개수 /10 개 **걸린 시간** /40분

정답과 해설 34쪽

9 규칙에 따라 수를 늘어놓은 것입니다. 15번째에 놓이는 수를 구해 보세요.

1 3 5 7 1 3 5 7 1 3 5 7 ……

풀이

답 ______________

10 길이가 2 m 37 cm인 색 테이프 2장을 1 m 22 cm만큼 겹치게 한 줄로 길게 이어 붙였습니다. 이어 붙인 색 테이프의 전체 길이는 몇 m 몇 cm인가요?

풀이

답 ______________

2회 실력 평가

1 숫자 2가 나타내는 값이 가장 큰 수를 찾아 써 보세요.

1826	9256	5452	2485

풀이

2 한 봉지에 4개씩 들어 있는 사탕이 상자마다 2봉지 들어 있습니다.
5상자에 들어 있는 사탕은 모두 몇 개인가요?

풀이

답 ______________

3 수 카드 3장을 한 번씩만 사용하여 가장 긴 길이를 만들었을 때,
그 길이와 2 m 57 cm의 차를 구해 보세요.

6 9 4 □ m □□ cm

풀이

답 ______________

공부한 날　　월　　일

정답과 해설 35쪽

4 고무줄의 길이는 1 m 38 cm입니다. 나무 막대는 고무줄보다 22 cm 더 짧습니다. 고무줄과 나무 막대의 길이의 합은 몇 m 몇 cm인가요?

풀이

탑 ________________

5 은비네 모둠 학생 10명이 좋아하는 분식을 조사하여 그래프로 나타내었습니다. 가장 많은 학생들이 좋아하는 분식은 무엇인가요?

좋아하는 분식별 학생 수

4				
3		○		
2		○		○
1		○	○	○
학생 수(명) / 분식	떡볶이	김밥	라면	쫄면

탑 ________________

6 5장의 수 카드 [2], [3], [6], [7], [8] 중에서 4장을 골라 한 번씩만 사용하여 천의 자리 숫자가 2인 네 자리 수를 만들려고 합니다. 만들 수 있는 수 중에서 가장 큰 수를 구해 보세요.

풀이

답 ______________

7 책이 책꽂이 한 칸에 9권씩 4칸에 꽂혀 있습니다. 이 책을 한 칸에 6권씩 다시 꽂으면 책꽂이 몇 칸에 꽂을 수 있나요?

풀이

8 어느 공원에서 9월 10일부터 10월 18일까지 코스모스 축제를 합니다. 코스모스 축제를 하는 기간은 며칠인가요?

풀이

답 ______________

맞은 개수 /10 개 **걸린 시간** /40분

정답과 해설 35쪽

9 규칙에 따라 쌓기나무를 쌓고 있습니다. 다섯 번째 모양에 쌓을 쌓기나무는 모두 몇 개인가요?

첫 번째 ⇨ 두 번째 ⇨ 세 번째

풀이

답

10 규칙에 따라 모양을 늘어놓은 것입니다. 모양을 32개 늘어놓았을 때, 삼각형 모양은 모두 몇 개인가요?

○ △ □ □ ○ △ □ □ ○ △ □ □ ……

풀이

답 

3회 실력 평가

1 어느 중국집은 자장면이 7550원, 짬뽕이 8000원, 군만두가 4580원입니다. 가격이 가장 저렴한 메뉴는 무엇인가요?

풀이

답 ____________

2 오른쪽은 어느 해의 5월 달력의 일부분입니다. 5월 22일은 무슨 요일인가요?

5월

일	월	화	수	목	금	토
			1	2	3	4

풀이

답 ____________

3 꽃집에서 병원을 거쳐 마트까지 가는 거리는 꽃집에서 마트까지 바로 가는 거리보다 몇 m 몇 cm 더 먼가요?

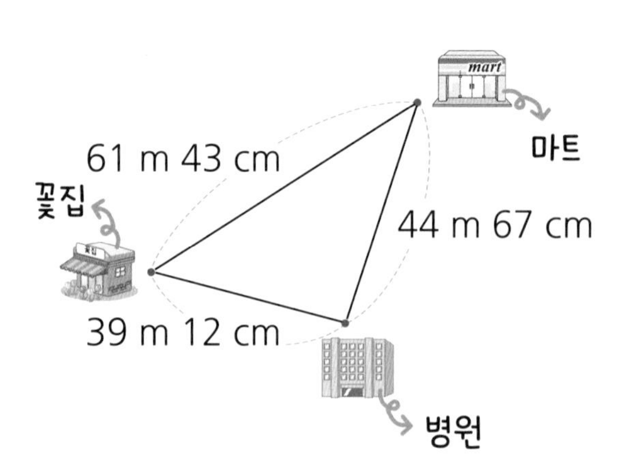

풀이

답 ____________

공부한 날　　월　　일

정답과 해설 36쪽

4 오른쪽은 일정한 규칙을 정해 만든 덧셈표의 일부분입니다. ㉠에 알맞은 수를 구해 보세요.

	4	
3	6	9
5	8	
9		㉠

풀이

답 ____________

5 어떤 수에 5를 곱해야 할 것을 잘못하여 6을 곱했더니 42가 되었습니다. 바르게 계산한 값은 얼마인가요?

풀이

답 ____________

6 시우네 반 학생들이 기르는 반려동물을 조사하여 표로 나타내었습니다. 강아지를 기르는 학생은 고양이를 기르는 학생보다 2명 더 많습니다. 가장 많은 학생들이 기르는 반려동물은 무엇인가요?

기르는 반려동물별 학생 수

동물	강아지	토끼	고양이	햄스터	합계
학생 수(명)		4		5	27

풀이

답

7 나영이네 모둠과 한나네 모둠 학생들의 혈액형을 조사하여 그래프로 나타내었습니다. 한나네 모둠이 나영이네 모둠보다 학생 수가 1명 더 많다면 한나네 모둠에서 A형인 학생은 몇 명인가요?

나영이네 모둠

4			○	
3		○	○	
2	○	○	○	
1	○	○	○	○
학생 수(명) / 혈액형	A형	B형	O형	AB형

한나네 모둠

4				
3		○	○	
2		○	○	
1		○	○	○
학생 수(명) / 혈액형	A형	B형	O형	AB형

풀이

정답과 해설 36쪽

8 길이가 210 cm인 철사를 한 번 잘랐더니 긴 도막이 짧은 도막보다 30 cm 더 깁니다. 긴 도막의 길이는 몇 m 몇 cm인가요?

풀이

답 ______________

9 6000보다 크고 7000보다 작은 네 자리 수 중에서 백의 자리 숫자는 7, 십의 자리 숫자는 2, 일의 자리 숫자는 천의 자리 숫자보다 2만큼 더 작은 수를 구해 보세요.

풀이

답 ______________

10 1시간에 5분씩 느려지는 시계가 있습니다. 이 시계의 시각을 오늘 오전 10시에 정확히 맞추었다면 오늘 오후 7시에 이 시계가 나타내는 시각은 오후 몇 시 몇 분인가요?

답 ______________

MEMO